IPA-IAO

Forschung und Praxis

Band 222

Berichte aus dem
Fraunhofer-Institut für Produktionstechnik
und Automatisierung (IPA), Stuttgart,
Fraunhofer-Institut für Arbeitswirtschaft
und Organisation (IAO), Stuttgart,
Institut für Industrielle Fertigung und
Fabrikbetrieb der Universität Stuttgart und
Institut für Arbeitswissenschaft und
Technologiemanagement, Universität Stuttgart

Herausgeber: H. J. Warnecke und H.-J. Bullinger

Rainer Eckert

Verfahren zur Reduzierung der Hand-Arm-Schwingungsbelastung an Trennschleifern

Mit 80 Abbildungen und 23 Tabellen

Springer-Verlag
Berlin Heidelberg GmbH 1995

Dipl.-Ing. Rainer Eckert
Fraunhofer-Institut für Arbeitswirtschaft und Organisation (IAO), Stuttgart

Prof. Dr.-Ing. Dr. h. c. Dr.-Ing. E. h. H. J. Warnecke
o. Professor an der Universität Stuttgart
Fraunhofer-Institut für Produktionstechnik und Automatisierung (IPA), Stuttgart

Prof. Dr.-Ing. habil. Dr. h. c. H.-J. Bullinger
o. Professor an der Universität Stuttgart
Fraunhofer-Institut für Arbeitswirtschaft und Organisation (IAO), Stuttgart

D 93

ISBN 978-3-540-60282-8 ISBN 978-3-662-10768-3 (eBook)
DOI 10.1007/978-3-662-10768-3

Gesamtherstellung: Copydruck GmbH, Heimsheim
SPIN 10511647 62/3020–6 5 4 3 2 1 0

Geleitwort der Herausgeber

Über den Erfolg und das Bestehen von Unternehmen in einer marktwirtschaftlichen Ordnung entscheidet letztendlich der Absatzmarkt. Das bedeutet, möglichst frühzeitig absatzmarktorientierte Anforderungen sowie deren Veränderungen zu erkennen und darauf zu reagieren.

Neue Technologien und Werkstoffe ermöglichen neue Produkte und eröffnen neue Märkte. Die neuen Produktions- und Informationstechnologien verwandeln signifikant und nachhaltig unsere industrielle Arbeitswelt. Politische und gesellschaftliche Veränderungen signalisieren und begleiten dabei einen Wertewandel, der auch in unseren Industriebetrieben deutlichen Niederschlag findet.

Die Aufgaben des Produktionsmanagements sind vielfältiger und anspruchsvoller geworden. Die Integration des europäischen Marktes, die Globalisierung vieler Industrien, die zunehmende Innovationsgeschwindigkeit, die Entwicklung zur Freizeitgesellschaft und die übergreifenden ökologischen und sozialen Probleme, zu deren Lösung die Wirtschaft ihren Beitrag leisten muß, erfordern von den Führungskräften erweiterte Perspektiven und Antworten, die über den Fokus traditionellen Produktionsmanagements deutlich hinausgehen.

Neue Formen der Arbeitsorganisation im indirekten und direkten Bereich sind heute schon feste Bestandteile innovativer Unternehmen. Die Entkopplung der Arbeitszeit von der Betriebszeit, integrierte Planungsansätze sowie der Aufbau dezentraler Strukturen sind nur einige der Konzepte, die die aktuellen Entwicklungsrichtungen kennzeichnen. Erfreulich ist der Trend, immer mehr den Menschen in den Mittelpunkt der Arbeitsgestaltung zu stellen - die traditionell eher technokratisch akzentuierten Ansätze weichen einer stärkeren Human- und Organisationsorientierung. Qualifizierungsprogramme, Training und andere Formen der Mitarbeiterentwicklung gewinnen als Differenzierungsmerkmal und als Zukunftsinvestition in *Human Recources* an strategischer Bedeutung.

Von wissenschaftlicher Seite muß dieses Bemühen durch die Entwicklung von Methoden und Vorgehensweisen zur systematischen Analyse und Verbesserung des Systems Produktionsbetrieb einschließlich der erforderlichen Dienstleistungsfunktionen unterstützt werden. Die Ingenieure sind hier gefordert, in enger Zusammenarbeit mit anderen Disziplinen, z.B. der Informatik, der Wirtschaftswissenschaften und der Arbeitswissenschaft, Lösungen zu erarbeiten, die den veränderten Randbedingungen Rechnung tragen.

Die von den Herausgebern geleiteten Institute, das

- Institut für Industrielle Fertigung und Fabrikbetrieb der Universität Stuttgart (IFF),

- Institut für Arbeitswissenschaft und Technologiemanagement (IAT

- Fraunhofer-Institut für Produktionstechnik und Automatisierung (IPA),

- Fraunhofer-Institut für Arbeitswirtschaft und Organisation (IAC

arbeiten in grundlegender und angewandter Forschung intensiv an den oben aufgezeigten Entwicklungen mit. Die Ausstattung der Labors und die Qualifikation der Mitarbeiter haben bereits in der Vergangenheit zu Forschungsergebnissen geführt, die für die Praxi von großem Wert waren. Zur Umsetzung gewonnener Erkenntnisse wird die Schriftenreihe "IPA-IAO - Forschung und Praxis" herausgegeben Der vorliegende Band setzt diese Reihe fort. Eine Übersicht über bisher erschienene Titel wird am Schluß dieses Buches gegeben.

Dem Verfasser sei für die geleistete Arbeit gedankt, dem Springer Verlag für die Aufnahme dieser Schriftenreihe in seine Angebotspalette und der Druckerei für saubere und zügige Ausführung. Möge das Buch von der Fachwelt gut aufgenommen werden.

H.J. Warnecke H.-J. Bullinger

Vorwort

Die vibrationsarme Gestaltung gewerblich genutzter Arbeitsmittel gewinnt vor dem Hintergrund steigender Kosten für Arbeits- und Gesundheitsschutz zunehmend an Bedeutung. Die vorliegende Arbeit zeigt am Beispiel des Trennschleifers auf, wie durch den Einsatz moderner Simulationsverfahren das Schwingungsverhalten handgeführter, fremdenergetisch betriebener Arbeitsgeräte vorausberechnet werden kann und sich Maßnahmen zur Reduzierung der Schwingungsbelastung auf effiziente Weise entwickeln und evaluieren lassen.

Die vorliegende Arbeit entstand während meiner Tätigkeit als wissenschaftlicher Mitarbeiter am Fraunhofer-Institut für Arbeitswirtschaft und Organisation (IAO) in Stuttgart.

Herrn Prof. Dr.-Ing. habil., Prof. e.h., Dr. h.c. H.-J. Bullinger, Inhaber des Lehrstuhls und Leiter des Instituts für Arbeitswissenschaft und Technologiemanagement (IAT) der Universität Stuttgart und Leiter des Fraunhofer-Instituts für Arbeitswirtschaft und Organisation (IAO), Stuttgart danke ich für seine wohlwollende Unterstützung und Förderung dieser Arbeit.

Herrn Prof. Dr.-Ing. K. Weinert, Inhaber des Lehrstuhls und Leiter des Instituts für Spanende Fertigung der Universität Dortmund danke ich für die Übernahme des Mitberichts, die eingehende Durchsicht und die sich daraus ergebenden Verbesserungsvorschläge.

Aus dem großen Kreis der Kollegen am Institut, die mich durch Ihre intensive Mitarbeit und konstruktive Kritik unterstützt haben, möchte ich insbesondere Herrn Prof. Dr.-Ing. P. Kern erwähnen. Ihm sowie Herrn Dipl.-Ing. W. Bauer, Herrn Dipl.-Ing. R. Schopp und allen anderen Kollegen gilt mein herzlicher Dank. Ebenfalls bedanken möchte ich mich bei Herrn Dr.-Ing. W.F. Muntzinger für seine kritische Durchsicht und wertvollen Anmerkungen.

Mein Dank gilt auch meiner Frau Ute und meinen Kindern Stephanie-Charlotte und Sophie-Cathrine für ihr Verständnis und ihre geduldige Unterstützung. Das Buch ist ihnen gewidmet.

Ludwigsburg, im Januar 1995 Rainer Eckert

Inhaltsverzeichnis

Verwendete Abkürzungen und Formelzeichen

Abkürzungen / Formelzeichen	Einheit	Bedeutung
a_{ih} (t)	m/s²	zeitlicher Hand-Arm-Schwingbeschleunigungsverlauf
a_{ihw} (t)	m/s²	zeitlicher, frequenzbewerteter (gewichteter) Hand-Arm-Schwingbeschleunigungsverlauf
a_{ihw}	m/s²	energieäquivalente zeitlich gemittelte, frequenzbewertete (gewichtete) Hand-Arm-Schwingbeschleunigung (Effektivwert)
$\bar{a}_{ihw}$	m/s²	arithmetischer Mittelwert der energieäquivalenten zeitlich gemittelten, frequenzbewerteten (gewichteten) Hand-Arm-Schwingbeschleunigung
a_{iS}(f)	m/s²	Schwingbeschleunigungseffektivwert einer Spektrallinie im Schmalbandfrequenzspektrum
a_{iTk}	m/s²	energieäquivalenter zeitlich gemittelter Schwingbeschleunigungseffektivwert eines Terzbandes k
a_{iTkw}	m/s²	energieäquivalenter zeitlich gemittelter, frequenzbewerteter (gewichteter) Schwingbeschleunigungseffektivwert eines Terzbandes k
$a_{iTk\,fu}$	m/s²	Schwingbeschleunigungseffektivwert der unteren ganzzahligen Grenzfrequenz eines Terzbandes k
$a_{iTk\,fo}$	m/s²	Schwingbeschleunigungseffektivwert der oberen ganzzahligen Grenzfrequenz eines Terzbandes k
$a_{iTk\,fn}$	m/s²	Schwingbeschleunigungseffektivwert der ganzzahligen Frequenzen n innerhalb eines Terzbandes k
a_{vhw}	m/s²	Vektorsumme der frequenzbewerteten (gewichteten) effektiven Schwingbeschleunigungen a_{xhw}, a_{yhw}, a_{zhw} an einem Handgriff (vgl. WAS-Wert)
A	%	Kurbelwellenauswuchtgrad
A_A	g	virtuelles Ausgleichsgewicht zur Kompensation der statischen Unwucht
AV-Element		Anti-Vibrations-Element
AV-System		Anti-Vibrations-System
b	mm	Höhe des Querschnitts des Trennschleiferarms

BeKV		Berufskrankheitenverordnung
BK		Berufskrankheit
c	N/mm	Federsteifigkeit
c_D	N/mm	Drucksteifigkeit
c_{jx}, c_{jy}, c_{jz}	N/mm	Federsteifigkeit eines AV-Elements j in x, y-, bzw. z-Richtung
c_{Hjx}, c_{Hjy}, c_{Hjz}	N/mm	Federsteifigkeit eines Koppelelementes j des Hand-Arm-Ersatz-Systems in x, y-, bzw. z- Richtung
c_{rot}	Nm/rad	Drehsteifigkeit des Trennschleiferarms
c_S	N/mm	Schubsteifigkeit
CAD		Computer-Aided-Design
CEN		Europäisches Komitee für Normung
CO	ppm	Kohlenmonoxid-Konzentration
d	Ns/m	Dämpfungsfaktor
d_{jx}, d_{jy}, d_{jz}	Ns/m	Dämpfungsfaktor eines AV-Elements j in x, y-, bzw. z-Richtung
d_{Hjx}, d_{Hjy}, d_{Hjz}	Ns/m	Dämpfungsfaktor eines Koppelelementes j des Hand-Arm-Ersatz-Systems in x, y-, bzw. z- Richtung
d_{rot}	Ns/rad	Dämpfungsfaktor des Trennschleiferarms bei Verdrehung
DSA		Deutscher Schleifscheiben Ausschuß
e	m	Abstand des Fliehkraftpaares bei dynamischer Unwucht (Scheibendicke)
E	N/mm²	Elastizitätsmodul
EZM		Einzylinder-Zweitakt-Motor
f	Hz	Frequenz
f_i^e	N	in einem Mehr-Körper-System wirkende, eingeprägte Kraft
f_M	Hz	Motorfrequenz
f_o		Nummer der unteren ganzzahligen Grenzfrequenz
f_S	Hz	Trennscheibenfrequenz
f_k	Hz	Terzbandmittenfrequenz
f_u		Nummer der unteren ganzzahligen Grenzfrequenz
F	N	Kraft
F_A	N	normal zur Werkstückoberfläche wirkende Andruckkraft beim Trennschnitt
F_B	N	Anpreßkraft

F_{dyn}	N	harmonische Erregerkraft
$\hat{F}_{dyn}$	N	harmonische Erregerkraftamplitude
F_F	N	bei dynamischer Unwucht auftretende Fliehkraft
F_G	N	Gewichtskraft
F_{Gr}	N	Greifkraft
F_H	N	Haltekraft
F_N	N	Normalkraft
F_{max}	N	maximal mögliche Körperkraft
F_{Mx}	N	Anteil der oszillierenden Motormassenkräfte in Richtung x
F_{MxA}	N	Anteil der oszillierenden Motormassenkräfte in Richtung x unter Berücksichtigung des Auswuchtgrades A
F_{Mz}	N	Anteil der oszillierenden Motormassenkräfte in Richtung z
F_{MzA}	N	Anteil der oszillierenden Motormassenkräfte in Richtung z unter Berücksichtigung des Auswuchtgrades A
F_T	N	virtuelle Kraft bei Biegebelastung des Trennschleiferarms
F_U	N	aus einer statischen Unwucht bei Scheibenrotation resultierende Unwuchtkraft
F_{zul}	N	maximal zulässige Körperkraft
g	m/s^2	Erdbeschleunigung
g_k	[-]	Hand-Arm-Schwingungs-Gewichtungsfaktor eines einzelnen Terzbandes k nach ISO 5349
G	[-]	Isoliergrad eines elastisch gelagerten Systems
HAS		Hand-Arm-System
HC	ppm	Kohlenwasserstoffkonzentration
$\|H_H\|$		Amplitudenfrequenzgang eines Bewertungsfilters für Hand-Arm-Schwingungen
i		Laufindex für die drei Schwingungsrichtungen x, y und z
j		Laufindex (allgemein)
J_{Ax}, J_{Ay}, J_{Az}	kgm^2	Massenträgheitsmomente des Trennschleiferarms um die x-, y- bzw. z-Achse

J_{ASx}, J_{ASy}, J_{ASz}	kgm^2	Massenträgheitsmomente der Abstellstütze um die x-, y- bzw. z-Achse
J_{Gx}, J_{Gy}, J_{Gz}	kgm^2	Massenträgheitsmomente des Gasgriffs um die x-, y- bzw. z-Achse
J_{Lx}, J_{Ly}, J_{Lz}	kgm^2	Massenträgheitsmomente der Luftfiltereinheit um die x-, y- bzw. z-Achse
J_{Mx}, J_{My}, J_{Mz}	kgm^2	zusammengefaßte Massenträgheitsmomente von Motor, Vergasereinheit und Auspuff um die x-, y- bzw. z-Achse
J_{Rx}, J_{Ry}, J_{Rz}	kgm^2	zusammengefaßte Massenträgheitsmomente von Riemenscheiben, Trennscheibenachse und Klemmscheiben um die x-, y- bzw. z-Achse
J_{Sx}, J_{Sy}, J_{Sz}	kgm^2	Massenträgheitsmomente der Trennscheibe um die x-, y- bzw. z-Achse
J_{SHx}, J_{SHy}, J_{SHz}	kgm^2	Massenträgheitsmomente der Schutzhaube um die x-, y- bzw. z-Achse
J_{Tx}, J_{Ty}, J_{Tz}	kgm^2	Massenträgheitsmomente der Tankeinheit um die x-, y- bzw. z-Achse
J_{Vx}, J_{Vy}, J_{Vz}	kgm^2	Massenträgheitsmomente des Vordergriffs um die x-, y- bzw. z-Achse
k		Terzbandnummer (k=8 bis k=30) nach ISO 5349 bzw. ISO R266
k_A	[-]	Faktor zur Berücksichtigung von Alter und Geschlecht bei der Berechnung maximal zulässiger Körperkräfte
k_B	[-]	Faktor zur Berücksichtigung der Trainiertheit bei der Berechnung maximal zulässiger Körperkräfte
k_C	[-]	Faktor zur Berücksichtigung von Häufigkeit dynamischer Kraftanstrengungen bei der Berechnung maximal zulässiger Körperkräfte
k_d	Ns/m	Dämpfungskonstante
k_D	[-]	Faktor zur Berücksichtigung von Haltedauer statischer Kraftanstrengungen bei der Berechnung maximal zulässiger Körperkräfte
K_{Hi}	[-]	bewertete Schwingstärke für Hand-Arm-Schwingungen

k_o	[-]	Dämpfungsfaktor für obere ganzzahlige Grenzfrequenz
K_{ri}	[-]	bewertete Beurteilungs-Schwingstärke für Hand-Arm-Schwingungen
k_u	[-]	Dämpfungsfaktor für untere ganzzahlige Grenzfrequenz
$K_{ZH\,eq}$	[-]	bewertete äquivalente Beurteilungs-Schwingstärke in z-Richtung
l	mm	Abstand Trennscheibenachse zur Biegestelle
l_P	m	Pleuellänge
$L(y,\dot{y},t)$		Lagrange'sche Funktion
L_A	db(A)	Schalldruckpegel
m	kg	Masse
m_A	kg	Masse des Trennschleiferarms
m_{AS}	kg	Masse der Abstellstütze
m_G	kg	Masse des Gasgriffs
m_K	kg	Kolbenmasse
m_L	kg	Masse der Luftfiltereinheit
m_M	kg	Gesamtmasse von Motor, Vergasereinheit und Auspuff
m_O	kg	oszillierender Massenanteil eines Hubkolbenmotors
m_P	kg	Pleuelmasse
m_R	kg	Gesamtmasse von Riemenscheibe, Trennscheibenachse und Klemmscheiben
m_S	kg	Trennscheibenmasse
m_{SH}	kg	Schutzhaubenmasse
m_T	kg	Masse der Tankeinheit
m_V	kg	Masse des Vordergriffs
M_U	Nm	aus einer dynamischen Unwucht bei Scheibenrotation resultierendes Unwuchtmoment
MAK	ppm	Maximale Arbeitsplatz-Konzentration
MIK	ppm	Maximale Immissions-Konzentration
MKS		Mehrkörper-System
MTS		Motortrennschleifer
NO_X	ppm	Stickoxide-Konzentration
n		Probandenanzahl
n_M	1/min	Motordrehzahl

n_S	1/min	Trennscheibendrehzahl
p	[-]	Laufindex der Einzelmessungen innerhalb einer Meßreihe
PCM		Puls-Code-Modulation
q	m	Trägheitsradius
r	m	Trennscheibenradius
r_{KW}	m	Kurbelwellenradius
r_S	m	Entfernung des Schwerpunkts S_0 von der Drehachse bei statischer Unwucht
s	m	virtuelle Auslenkung bei Biegebelastung des Trennschleiferarms
s_i		Standardabweichung
S_{ip}		Schmalbandfrequenzspektrum mit ganzzahliger Frequenzteilung
$\bar{S}_i$		Gemitteltes Schmalbandfrequenzspektrum mit ganzzahliger Frequenzteilung
S_0		Trennscheibenschwerpunkt
t	s	Zeit
t_A	mm	Breite des Querschnitts des Trennschleiferarms
$T(y,\dot{y},t)$		Skalar zur Beschreibung der kinetischen Energien eines Mehrkörper-Systems
T	h	Zeitkonstante zur Beurteilung der Schwingungsbelastung
T_e	h	Einsatzzeit eines vibrierenden Gerätes
T_r	h	Gesamtarbeitszeit
u	m	Schwingweg
U_{stat}	g	statische, auf den Trennscheibendurchmesser bezogene Unwucht einer Trennscheibe
U(y)		Skalar zur Beschreibung der potentiellen Energie eines Mehrkörper-Systems
UVV		Unfallverhütungsvorschrift
V	[-]	Amplitudenfrequenzgang eines elastisch gelagerten Systems
V_D	[-]	Durchlässigkeit eines elastisch gelagerten Systems
V_i	[-]	Variationskoeffizient
VVS		Vibrationsbedingtes Vasospastisches Syndrom

WAS	m/s²	Weighted-Acceleration-Sum (Vektorsumme der gewichteten effektiven Schwingbeschleunigungen)
WAS_v	m/s²	WAS-Wert am vorderen Handgriff
WAS_h	m/s²	WAS-Wert am hinteren Handgriff
x, y, z		(Schwingungs-)Richtungen im gerätebezogenen Koordinatensystem
x', y', z'		Richtungen für die Orientierung der Koppelelemente des Hand-Arm-Ersatzsystems am Gasgriff
x", y", z"		Richtungen für die Orientierung der Koppelelemente des Hand-Arm-Ersatzsystems am Vordergriff
x_h, y_h, z_h		Schwingungsrichtung im Hand-Koordinatensystem
x_S, y_S, z_S		Richtungen im schwerpunktsgezogenen Koordinatensystem der elastisch gelagerten Einheit
x_{Si}	m	Abstand eines AV-Elements j von der Position des Gesamtschwerpunkts in x-Richtung
y_{Sj}	m	Abstand eines AV-Elements j von der Position des Gesamtschwerpunkts in y-Richtung
$y(t) = [y_1 \quad y_2 \quad \dots \quad y_f]^T$		f x 1 Lagevektor zur Beschreibung eines holonomen MKS mit f Freiheitsgraden
α	°	Kurbelwellenwinkel
β	°	Ellenbogenwinkel
δ_{ri}		virtuelle Verschiebung
ΔU_{min}	%	minimal aufgetretene Änderung der statischen Trennscheibenunwucht
ΔU_{max}	%	maximal aufgetretene Änderung der statischen Trennscheibenunwucht
$\Delta \overline{U}$	%	arithmetischer Mittelwert der aufgetretenen Änderung der statischen Trennscheibenunwucht
$\Delta WAS_{v\,min}$	%	minimal aufgetretene Änderung des WAS-Wertes am Vordergriff
$\Delta WAS_{v\,max}$	%	maximal aufgetretene Änderung des WAS-Wertes am Vordergriff
$\Delta \overline{WAS_v}$	%	arithmetischer Mittelwert der aufgetretenen Änderung des WAS-Wertes am Vordergriff
$\Delta WAS_{h\,min}$	%	minimal aufgetretene Änderung des WAS-Wertes am Gasgriff

$\Delta WAS_{h\ max}$	%	maximal aufgetretene Änderung des WAS-Wertes am Gasgriff
$\Delta\overline{WAS_h}$	%	arithmetischer Mittelwert der aufgetretenen Änderung des WAS-Wertes am Gasgriff
η	[-]	Frequenzverhältnis
λ_P	[-]	Pleuelstangenverhältnis
ω	1/s	Kreisfrequenz
ω_0	1/s	Eigenkreisfrequenz eines elastisch gelagerten Systems
ω_S	1/s	Trennscheibenkreisfrequenz
Ω	1/s	Erregerkreisfrequenz
ϑ	[-]	Lehr'sches Dämpfungsmaß

1 Einleitung

Benzinmotorgetriebene Trennschleifer (MTS) werden bevorzugt im Bauhandwerk eingesetzt. Im Gegensatz zu elektrisch angetriebenen Trennschleifern sind sie, bedingt durch den Antrieb mit einem Zweitakt-Verbrennungsmotor, von zusätzlichen Energiequellen unabhängig, weisen hohe Leistungen auf und sind aufgrund ihrer kompakten Gestaltung universell einsetzbar. Allgemein werden benzinmotorgetriebene Trennschleifer zum Trennen von Beton, Asphalt und Stein verwendet; bei Verwendung spezieller Trennscheiben können auch Werkstücke aus Kunststoff oder Metall bearbeitet werden.

MTS bestehen im wesentlichen aus einem Rahmen mit Zweitaktmotor, Tank, vorderem und hinterem Handgriff und angeflanschtem Arm mit Trennscheibe. Der Hubraum der verwendeten Antriebsaggregate beträgt 50 bis 100 cm^3, die maximale Leistung liegt zwischen 2,2 und 5,4 kW.

Die Anwendungsgebiete von benzinmotorgetriebenen Trennschleifern liegen sowohl auf Baustellen des Tief- und Hochbaus als auch im Straßen- und Landschaftsbau sowie im Stahl- und Gleisbau. **Bild 1.1** zeigt einen Geräteführer mit MTS bei der Ausführung einer typischen Arbeitsaufgabe. Darüber hinaus sind derartige Geräte bei Feuerwehren und Technischen Hilfswerken im Einsatz und stellen oft unentbehrliche Hilfsmittel zur Rettung von Menschenleben im Katastrophen- und Unglücksfall dar.

Im Gegensatz zu elektrisch angetriebenen Trennschleifern werden MTS ausschließlich im gewerblichen Bereich eingesetzt. Vor allem in Unternehmen des Baugewerbes werden diese Geräte für die Erfüllung verschiedenster Arbeitsaufgaben eingesetzt (vgl. Kap. 3.3), daher sind auch die Verkaufszahlen für MTS recht beachtlich. Die beiden deutschen Hersteller (Dolmar GmbH, Hamburg und Fa. Stihl, Waiblingen) schätzen das jährliche Marktvolumen weltweit auf 120.000 bis 150.000 Exemplare, wovon ca. 45% auf Europa entfallen. Bei einer durchschnittlichen Lebensdauer von mindestens 5 Jahren ergibt sich ein Gesamtgerätebestand von ca. 1.000.000 Stück weltweit. Haupteinsatzgebiete sind neben den Ländern Europas vor allem USA, Kanada und Japan.

Viele der auf dem Markt befindlichen MTS weisen eine konstruktive Verwandtschaft mit Motorkettensägen auf. Während das Arbeiten mit Motorkettensägen in den letz-

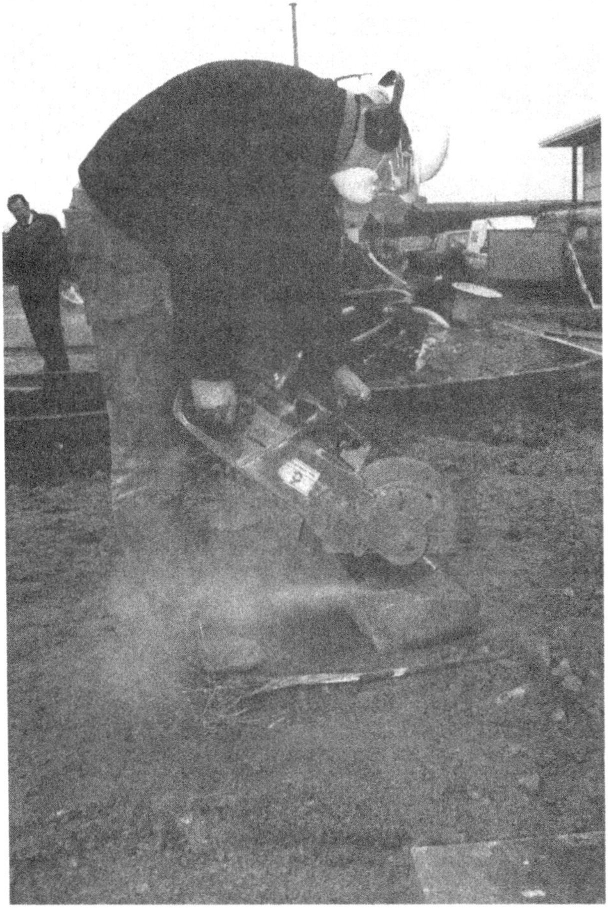

Bild 1.1: MTS im Einsatz (Vertikalschnitt in Bodenhöhe)

ten zwei Jahrzehnten Gegenstand umfangreicher Untersuchungen war und diese Geräte durch ständige technische Weiterentwicklung bzgl. Schwingungs-, Lärm- und Abgasemissionen optimiert wurden, fand ein derartiger Prozeß auf Seiten der MTS nicht oder nur zeitverzögert statt. MTS weisen bzgl. ihres konstruktiven Aufbaus und der o.g. Emissionen in den meisten Fällen noch Entwicklungsstände aus der Zeit ihrer Markteinführung auf, welche in den siebziger Jahren erfolgte. Es wurden in der Regel nur Detailoptimierungen durchgeführt, in keinem Fall wurden von den Herstellern eigenständige Geräte mit einer Ausrichtung auf die speziellen Einsatzbedingungen dieser Gerätegruppe entwickelt. Mit ein Grund dafür, daß die Ergebnisse der technischen Optimierung von Motorkettensägen nicht auf MTS übertragen wurden, liegt in der völligen Verschiedenheit der zu bearbeitenden Werkstücke, dem wesentlich breiteren Anwendungsspektrum von MTS und den sich daraus ableitenden Anforderungen an deren konstruktive Gestaltung.

Während des Arbeitens mit MTS ist die Arbeitsperson einer hohen, multifaktoriellen Belastung ausgesetzt. Diese ergibt sich durch die beim Betrieb vorhandenen Schwingungs-, Lärm-, Abgas- und Schleifstaubemissionen, die durch die Gerätemasse (bis zu 15 kg) bedingten hohen Haltekräfte und die beim Arbeiten hauptsächlich erforderliche gebückte Körperhaltung.

Insbesondere die hohen Schwingungsemissionen machen zum Schutz der Arbeitsperson eine Beschränkung der zulässigen Einsatzzeit notwendig, da hier in gleichem Maße wie beim Betrieb von Motorkettensägen mit dem Auftreten von vibrationsbedingten Erkrankungen zu rechnen ist. Ein wirtschaftlicher Einsatz unter Berücksichtigung der gesundheitlichen Risiken ist somit nicht möglich.

Diese Arbeit verfolgt daher das Ziel, auf der Basis einer gezielten Analyse der Arbeits- und Einsatzbedingungen von MTS durch Entwicklung und Evaluierung geeigneter technischer Maßnahmen die Schwingungsbelastung auf ein Maß zu reduzieren, welches eine erträgliche Beanspruchung der Arbeitsperson bei gleichzeitig hoher Systemleistung zuläßt und somit eine Einschränkung der täglichen Betriebszeiten unnötig macht.

2 Zielsetzung und Vorgehensweise

Das Arbeiten mit MTS ist als extrem belastende Tätigkeit einzustufen. Die Gesamtbelastung resultiert zum einen aus starken Schwingungs- und Lärmemissionen sowie, bedingt durch den Arbeitsvorgang, aus Emissionen von Staub und Abgasen. Zum anderen ergeben sich beim Einsatz hohe Kräfte zum Halten des Geräts, wobei die Tatsache, daß zur Ausführung des Trennschnitts das Schneidwerkzeug zum Werkstück hin ausgerichtet werden muß, häufig zu ungünstigen Körperstellungen und Körperhaltungen des Anwenders führt.

Während die Belastung der Arbeitsperson im Hinblick auf die vorhandene Lärm- und Staubemission durch den Einsatz persönlicher Schutzmaßnahmen (Gehör- und Atemschutz) auf relativ einfache Weise effektiv reduziert werden kann, ist der Geräteführer schutzlos den Belastungen durch mechanische Schwingungen und hohe Haltekräfte in Verbindung mit ungünstigen Körperhaltungen ausgesetzt. Durch die unzureichende Gestaltung der Handgriffe wird das Aufbringen der Haltekräfte erschwert und speziell die schädigende Wirkung der auftretenden Schwingungen noch zusätzlich verstärkt. Neben den Haltekräften sind vom Geräteführer noch Führungs- und Andruckkräfte zur Bearbeitung der Werkstücke aufzubringen. Diese sind beim Arbeiten mit MTS jedoch von untergeordneter Bedeutung.

Die Notwendigkeit der Entwicklung technischer Schwingungsminderungsmaßnahmen wird offensichtlich, wenn man die Beträge der an Handgriffen von MTS im Betrieb auftretenden Vektorsummen der gewichteten Schwingbeschleunigung betrachtet. Diese liegen in einem Bereich von 10 bis 15 m/s^2. Derartige Beschleunigungswerte entsprechen nach VDI-Richtlinie 2057 /145/ einer zulässigen täglichen Expositionszeit von ca. 15 bis 30 Minuten. Bei Zugrundelegung einer durchschnittlichen Arbeitszeit des Geräteführers mit MTS von 3,6 Stunden pro Tag (Analyseergebnisse, vgl. Kapitel 3.4.2) sind hier gewichtete Schwingbeschleunigungswerte von 4 bis 6 m/s^2 anzustreben, um ernsthafte Schädigungen der Gesundheit sowie Beeinträchtigungen der Arbeitsleistung auszuschließen. Gleichzeitig mit der Verringerung der Schwingungsbelastung ist eine menschgerechte Gestaltung der zum Führen und Halten des Gerätes verwendeten Handgriffe erforderlich, um ergonomisch günstige Hand-Arm-Stellungen und Körperhaltungen bei allen auftretenden Arbeitssituationen zu ermöglichen. Vor allem gilt es, ungünstige bzw. extreme Stellungen von Hand, Handgelenk und Arm, bei denen es zu einer Verstärkung der Schwingungsbeanspruchung kommt, sowie Zwangshaltungen des Körpers zu vermeiden.

Die vom Gerät ausgehende Schwingungsbelastung soll durch technisch-konstruktive Maßnahmen reduziert werden. Dabei ist zwischen primären, d.h. die Erregerquellen betreffenden und sekundären, d.h. die Übertragung von Schwingungen betreffenden Maßnahmen zu unterscheiden. Bzgl. der Griffgestaltung beschränken sich die zu ergreifenden Maßnahmen auf die Lage und Anordnung sowie die Anpassung von Form, Oberfläche und Abmessungen der am Gerät vorhandenen Griffe an die anthropometrischen und biomechanischen Gegebenheiten des Menschen und an die arbeitsaufgabenspezifischen Einsatzbedingungen. Die insgesamt zu erarbeitenden Gestaltungsmaßnahmen müssen wirtschaftlichen Randbedingungen genügen, um eine Umsetzung in eine Serienproduktion sicherzustellen.

Spezielle Maßnahmen wie z.B. die Verwendung von Faserverbundkunststoffen oder anderer Leichtbauwerkstoffe für einzelne Gerätekomponenten, mit denen sich eine Reduzierung der Gerätemasse erreichen läßt, werden im Rahmen dieser Arbeit nicht verfolgt, da hier nennenswerte Verbesserungen nur mit extrem hohen Aufwand (Anfertigung von Negativformen für Kunststoffteile bzw. von Druckgußformen, Durchführung umfangreicher Festigkeitsuntersuchungen etc.) erzielt werden können.

Um die oben genannten Ziele dieser Arbeit zu erreichen, wird die in **Bild 2.1** dargestellte Vorgehensweise eingesetzt. Basierend auf dem derzeitigen Stand der Wissenschaft wird im Kapitel 3 das Arbeitssystem 'Mensch-Motortrennschleifer' unter arbeitswissenschaftlichen Gesichtspunkten untersucht. Einzelne Teilfunktionen des Geräts sowie Wirkungszusammenhänge zwischen Mensch, Gerät und Arbeitssituation werden analysiert und die beim Betrieb von MTS auftretenden Belastungen aufgezeigt. Kapitel 4 befaßt sich gezielt mit der Schwingungsemission von MTS. Relevante Faktoren, welche die Schwingungsbelastung der Arbeitsperson beeinflussen, werden klassifiziert und qualitativ sowie quantitativ analysiert. Auf Basis dieser Analyse werden in Kapitel 5 technische Maßnahmen zur Schwingungsminderung entwikkelt und deren Effektivität mit Hilfe der numerischen Simulation validiert.

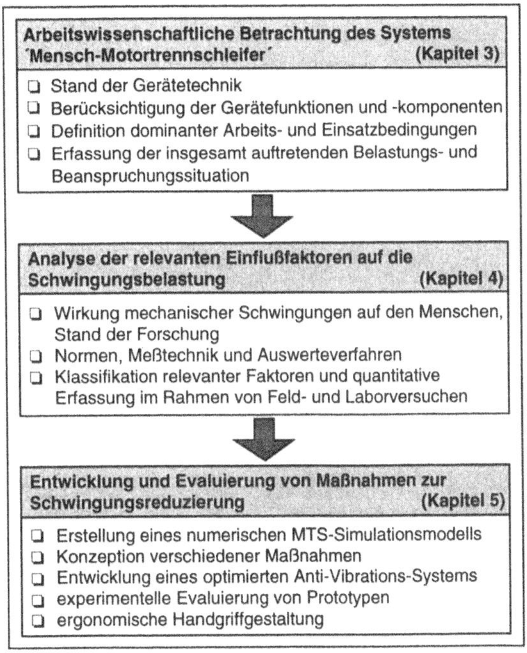

Bild 2.1: Vorgehensweise bei der Entwicklung von technischen Maßnahmen zur Reduzierung der Schwingungsbelastung

Zusätzlich wird in Kapitel 5 eine Neugestaltung der Führungs- und Haltegriffe vorgenommen. Diese verfolgt das Ziel, Faktoren wie extreme Ulnar- bzw. Radialabduktionen sowie starke Volarflexionen und Dorsalextensionen, welche die beim Betrieb des MTS vorhandene Schwingungsbeanspruchung verstärken, auszuschließen und parallel dazu die Bedienungsfreundlichkeit des Geräts zu erhöhen.

Unter technisch-wirtschaftlichen Gesichtspunkten vertretbare Maßnahmen hinsichtlich Schwingungsminderung und Griffgestaltung werden abschließend in Form von Prototypen umgesetzt und, soweit es die schwingungstechnischen Maßnahmen betrifft, im Rahmen von Versuchen experimentell validiert.

3 Arbeit mit benzinmotorgetriebenen Trennschleifern

In diesem Kapitel wird nach einer Beschreibung der einzelnen Komponenten von MTS und der für den Aufbau und den Betrieb dieser Geräte relevanten Normen und Vorschriften gezielt auf die Arbeits- und Einsatzbedingungen sowie die beim Betrieb von MTS auftretenden Belastungen eingegangen (anhand einer durchgeführten Feldstudie).

3.1 Geräteklassifikation

Nach DIN EN 68 /114/ gehören MTS zur Gruppe der handgeführten, motorgetriebenen Schleifmaschinen. Im Gegensatz zu elektrisch angetriebenen Trennschleifern unterliegen MTS damit, neben den generellen Anforderungen an mit rotierenden Schleifscheiben ausgestatteten Geräten, zusätzlich den Sicherheitsvorschriften, die für den Einsatz von Verbrennungsmotoren gelten /143/. Die allgemeine Klassifikation handgeführter Geräte mit rotierenden Schleifscheiben ist aus **Bild 3.1** ersichtlich.

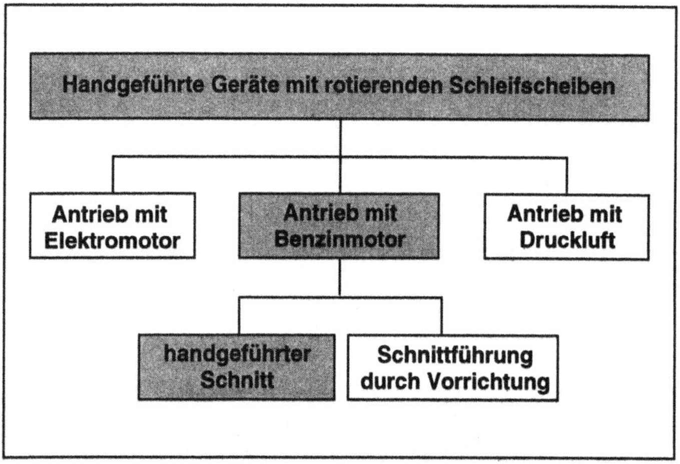

Bild 3.1: Klassifikation handgeführter Geräte mit rotierenden Schleifscheiben

3.2 Funktionen und Komponenten benzinmotorgetriebener Trennschleifer

Mit MTS werden ausschließlich feste Werkstücke aus unterschiedlichen Materialien getrennt. Hierzu wird das Werkzeug (Trennscheibe) durch einen Verbrennungsmotorantrieb in Rotation (Drehzahl n_S) versetzt und in Kontakt mit dem Werkstück gebracht. Durch Aufbringen einer Normalkraft F_N auf das Werkstück und einer gleichzeitigen translatorischen Bewegung der Trennscheibe bzw. des MTS parallel zur Werkstückoberfläche entsteht, wie aus **Bild 3.2** ersichtlich ist, eine Fuge, die im Laufe des Arbeitsfortschritts zur Durchtrennung des Werkstücks führt. Die hier wirkende Normalkraft F_N, auch Andruckkraft F_A genannt, ist, wie spätere Untersuchungen zeigen werden, dabei von untergeordneter Bedeutung. Sie nimmt in der Regel Werte an, welche unterhalb der Gewichtskraft des MTS liegen. Die o.g. translatorische Bewegung ist notwendig, um ein Festfahren der Trennscheibe im Werkstück zu verhindern.

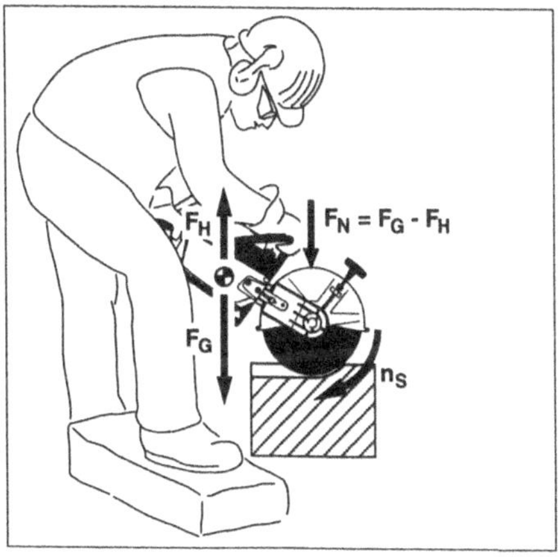

Bild 3.2: Arbeitstechnik beim Trennen von Werkstücken mit Trennschleifern

Derzeit werden auf dem europäischen und nordamerikanischen Markt von insgesamt 7 Herstellern 17 unterschiedliche MTS-Typen angeboten; geeignete Angaben über den japanischen Markt konnten nicht ermittelt werden. Alle Typen bestehen im wesentlichen aus den im **Bild 3.3** (Teil a bis c) dargestellten Komponenten. Als Antriebsmotoren werden ausschließlich Einzylinder-Zweitaktmotoren mit Gemischschmierung verwendet; das Anlassen der Motoren geschieht mit Hilfe eines handbetätigten Reversierstarters. Die Drehzahlsteuerung erfolgt über ein im hinteren Handgriff befindliches Stellteil. Die Trennscheibe wird über einen Riemenantrieb mit Fliehkraftkupplung in Rotation versetzt.

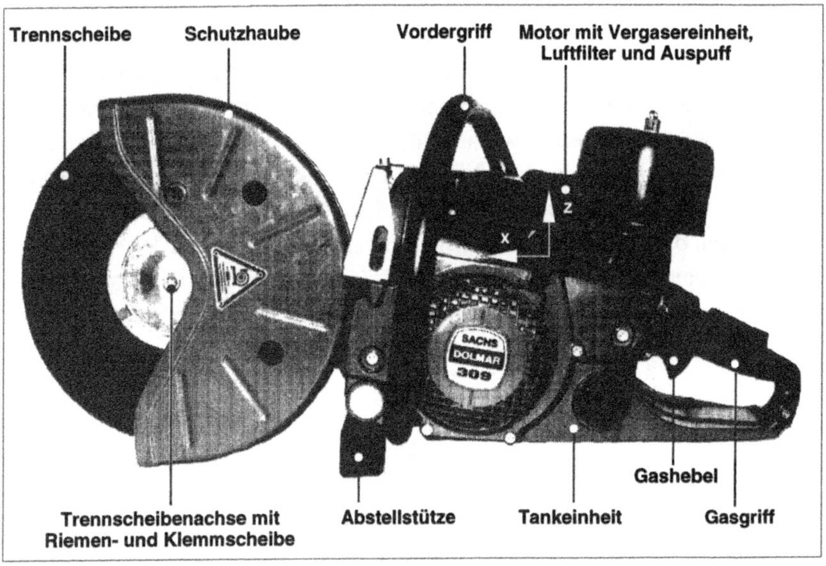

Bild 3.3 a: Wesentliche Komponenten eines MTS (Seitenansicht von links)

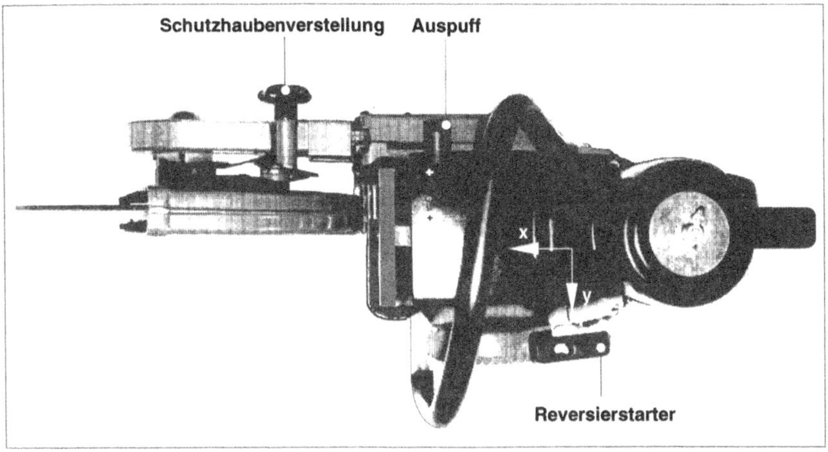

Bild 3.3 b: Wesentliche Komponenten eines MTS (Draufsicht)

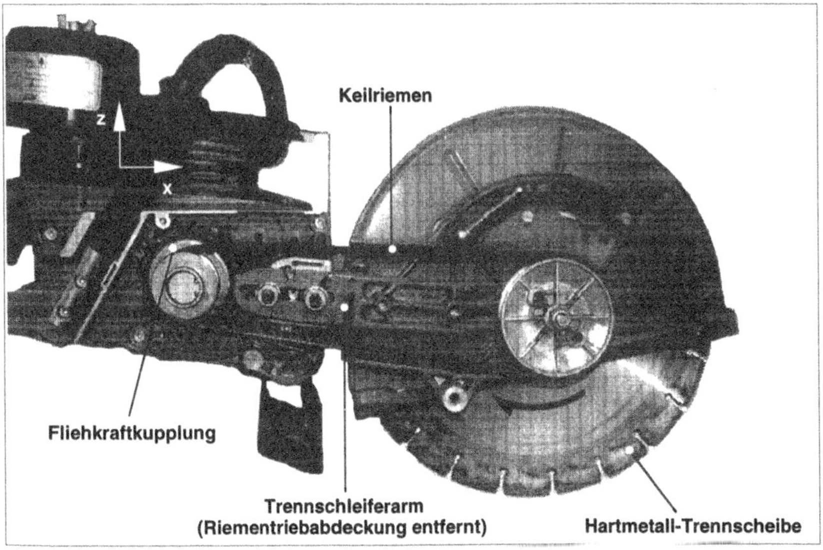

Bild 3.3 c: Wesentliche Komponenten eines MTS (Seitenansicht von rechts)

Bei der Mehrzahl der angebotenen MTS besteht die Möglichkeit, die Trennscheibe sowohl in einer inneren Position als auch in einer äußeren Position am Arm des Gerätes zu befestigen. In letzterem Fall befindet sich die Trennscheibe dann an der rechten Begrenzungslinie des Gerätes (**Bild 3.4**). Dadurch lassen sich auch Trennvorgänge an schlecht zugänglichen Stellen durchführen.

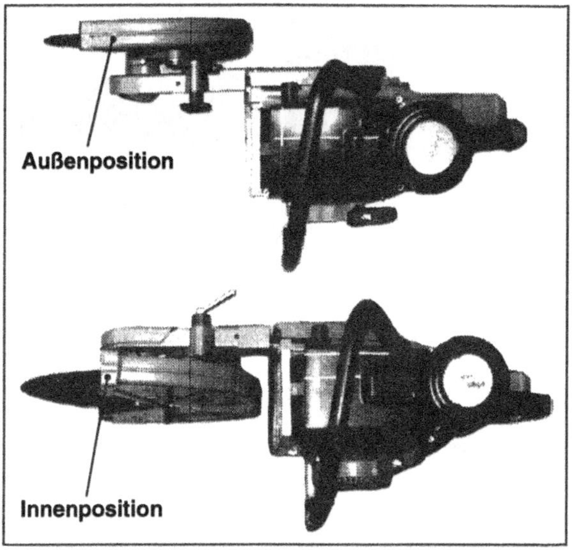

Bild 3.4: Anbringung der Trennscheibe in innerer bzw. äußerer Position

Mit MTS lassen sich sowohl nichtmetallische Baustoffe wie Mineralien, Stein, Beton, Glas, Keramik als auch metallische Werkstoffe wie Eisen, Stahl oder Hartmetall durchtrennen. Als Schneidwerkstoff bzw. Schleifmittel finden dabei Korund, Siliziumkarbid, Bornitrid oder Diamant bzw. Hartmetall Verwendung /128, 141, 142/. Die bei MTS eingesetzten Trennscheiben sind 3 bis 4,5 mm breit und haben Durchmesser im Bereich von 300 bis 400 mm. Die Werkstücklänge beim Trennschleifen ist theoretisch unbegrenzt, die maximal durchtrennbare Werkstücktiefe ergibt sich aus dem nutzbaren Scheibendurchmesser und liegt bei 100 bis 140 mm.

Generell lassen sich Kunstharz- und Hartmetallscheiben als zwei verschiedene Trennscheibenarten unterscheiden. Bei Kunstharzscheiben sind die Schleifkörper in eine Kunstharzmasse eingebettet und mit einem Stützgewebe zu einer formstabilen

Einheit verpreßt. Kunstharzscheiben werden beim Einsatz stark abgenutzt und nehmen, je nach Beschaffenheit des Werkstücks und Höhe der Andruckkraft, rasch im Durchmesser ab; die Standzeit ist demnach relativ gering. Hartmetallscheiben sind den bei Kreissägen verwendeten Sägeblättern ähnlich und bestehen, wie **Bild 3.3 c** zeigt, aus einer Stahlscheibe, auf deren Umfang verteilt kleine Segmente aufgeschweißt sind. In diese sind Hartmetallsplitter eingebettet, die speziell in Stein, Asphalt und Betonmaterialien für einen raschen Arbeitsfortschritt sorgen. Je nach Dauer des Einzelschnitts und Art des Werkstücks ist eine Kühlung der Hartmetallscheibe mit Wasser notwendig. Gegenüber Kunstharzscheiben besitzen Hartmetallscheiben zwar eine um das 200- bis 400-fache höhere Standzeit, haben jedoch auch einen wesentlichen höheren Anschaffungspreis.

3.3 Normen und Betriebsvorschriften

Generell unterliegen MTS, wie andere handgeführte Geräte und Maschinen auch, der europäischen Norm für die Sicherheit von Maschinen /115/ sowie der allgemeinen Maschinenrichtlinie /137, 138/. Weiterführende, nationale Sicherheitsanforderungen betreffen neben dem MTS auch das beim Betrieb verwendete Werkzeug, d.h. die Schleif- bzw. Trennscheibe. Hier sind die generellen Richtlinien des Deutschen Schleifscheiben Ausschusses (DSA) /128, 129/ zu beachten. Die zulassungspflichtigen Schleifwerkzeuge müssen außerdem besondere Sicherheitsanforderungen, u.a. bezüglich Mindestbruchsicherheit und -geschwindigkeit, erfüllen (DSA 101, Teil 3 und 4), nach DSA 103 /130/ gekennzeichnet sowie nach DSA 104 /131/ geprüft sein.

Bei den heute gebräuchlichen MTS liegen die Geschwindigkeiten am Umfang der Schleifscheibe bei ca. 80 m/s und somit deutlich über der Grenze für zulassungsfreie Schleifkörper, die in diesem Fall 30 m/s beträgt. Alle bei MTS verwendeten Schleifscheiben müssen somit vom DSA zugelassen sein. Die generellen Geometrien für rotierende Schleifwerkzeuge sind u.a. in /127/ festgelegt. Der Durchmesser der eingesetzten Schleifscheiben hängt von der Bauart des MTS ab; die typischen Durchmesser betragen bei Kunstharzscheiben 300 und 350 mm, bei Hartmetallscheiben 305 und 355 mm.

Zur Wahrung der Arbeitssicherheit sind von Seiten der Berufsgenossenschaften technische Maßnahmen an den Geräten vorgeschrieben. So werden in einer speziellen Unfallverhütungsvorschrift (UVV) /141/ u.a. die Kennzeichnungspflicht, die höchstzulässigen Umfangsgeschwindigkeiten für zulassungsfreie Schleifkörper, die Sicherheit gegen Bruch durch Fliehkraft, die Prüfung durch den Hersteller und die Verwendung von Schutzhauben geregelt.

Weitere Vorschriften und Sicherheitshinweise betreffen die speziellen Arbeitsbedingungen im Baugewerbe und beim Arbeiten mit MTS /139, 143/ sowie den Lärmschutz /144/.

Hier werden vor allem personenbezogene Schutzmaßnahmen wie z.B. das Tragen von Sicherheitsschuhen ebenso wie die Verwendung von Augen-, Ohr-, Mund-, Hand- und Beinschutz genannt. Wie die in Kap. 3.4 beschriebene Analyse ergab, werden in der Praxis jedoch, abgesehen von Sicherheitsschuhen, kaum persönliche Schutzmittel verwendet.

Die seit 1990 in den USA für MTS gültige ANSI-Norm B 7.5 - 1990 /112/ enthält neben Begriffserläuterungen ausschließlich die herstellerseitig zu erfüllenden Sicherheitsanforderungen bezüglich Aufbau und Ausführung des Geräts sowie Verhaltensregeln für den Geräteführer beim Umgang mit dem MTS.

Im europäischen Bereich werden umfassende Regelungen für Konstruktion und Betrieb speziell von MTS erstmals in einer C-Typ-Norm festgelegt, die z. Zt. als Vorentwurf vorliegt /132/ und über den erwähnten ANSI-Standard weit hinausgeht. Nach ihrer europaweiten Einführung, mit der für 1995 zu rechnen ist, wird sie für Herstellung sowie Zulassung dieser Geräte bindend sein. Sie beinhaltet neben allgemeinen Hinweisen zur technischen Ausrüstung und zur möglichen Gefährdung des Geräteführers beim Betrieb von MTS auch Meßvorschriften, nach denen die Schwingungs- und Lärmbelastung zu erfassen sind.

In dieser Norm werden erstmals zulässige Höchstwerte für die Lärm- und Schwingungsemission von MTS angegeben. So sollen die Beträge der an den Handgriffen gemessenen Vektorsummen der gewichteten Schwingbeschleunigung eine Grenze von 15 m/s^2 nicht überschreiten. Lärmseitig werden als zulässige Schalldruckpegel im Betrieb im Leerlauf 85 dB(A), bei Vollgas 102 dB(A) (bei Motorhubräumen über 40 cm^3 105 dB(A)), gemessen am Ohr des Geräteführers, genannt. Bei Betrachtung der o.g. Grenzwerte für die Schwingungs- und Lärmemissionen von MTS zeigt sich, daß hier arbeitswissenschaftliche Erkenntnisse in Bezug auf zumutbare Schwingungs- und Lärmbelastungen noch in keiner Weise berücksichtigt wurden. Vielmehr fand bei der Festsetzung dieser Werte wohl eine Orientierung am derzeitigen Stand der Gerätetechnik für MTS statt. Somit ist unter den Gesichtspunkten des Arbeits- und Gesundheitsschutzes in den Folgejahren mit einer Reduzierung dieser Grenzwerte zu rechnen.

3.4 Analyse der Arbeits- und Einsatzbedingungen

3.4.1 Beschreibung der durchgeführten Feldstudie

Der Schwerpunkt des Einsatzes von MTS liegt neben Anwendungen im Gleisbau, bei Feuerwehren und beim Technischen Hilfswerk sowie auf Baustellen des Hoch- und Tiefbaus. Zur Erfassung und Analyse der Arbeits- und Einsatzbedingungen wurden im Rahmen einer Feldstudie insgesamt 27 Baustellen der o.g. Bereiche in Deutschland und Großbritannien besucht.

In Deutschland wurden in den Großräumen Heidelberg und Kassel insgesamt 18 Einsatzorte in die Feldstudie miteinbezogen; darunter waren Baustellen, Bauhöfe, Gleisbauhöfe und eine Landesfeuerwehrschule. In Großbritannien wurden 9 Einsatzorte in die Untersuchung aufgenommen; hierunter fielen neben Baustellen des Hoch- und Tiefbaus auch 2 Steinbrüche. Während in Deutschland die Wartung der MTS überwiegend durch die Baufirmen selbst erfolgt, gelangen die in Großbritannien verkauften MTS hauptsächlich über Verleihfirmen, welche neben der Vermietung der Geräte auch anfallende Wartungs- und Montagearbeiten übernehmen, zum Einsatz.

Für die Befragung der Geräteführer wurde ein standardisierter Fragebogen eingesetzt. Folgende Inhalte wurden dabei erhoben:

- ❑ persönliche, anthropometrische und demographische Daten,
- ❑ Gebrauch der MTS (Arbeitszeit, Einsatzzweck, Arbeitshaltung, Wartungsarbeiten),
- ❑ körperliche Beschwerden und Schmerzen,
- ❑ subjektive Beurteilung der MTS (Schwingungs- und Lärmemission, Handhabung, Vorschläge zur Geräteoptimierung).

Insgesamt wurden mit Hilfe des Fragebogens 41 Geräteführer befragt. Zur Erfassung von Bewegungsabläufen und Körperstellungen bei der Arbeit mit MTS sowie besonderer Details bzgl. Arbeitsausführung und Arbeitsumgebung wurden zusätzlich Videoanalysen durchgeführt. Parallel dazu wurden die beim Betrieb der Geräte auftretenden Schwingungs- und Lärmemissionen meßtechnisch erfaßt.

In **Tabelle 3.1** sind die wichtigsten Daten der befragten Geräteführer zusammengefaßt. Wie sich aus der Tabelle ergibt, werden MTS in der Regel von männlichen Personen eingesetzt. Viele der Geräteführer sind ohne eine spezielle Berufsausbildung im Baugewerbe tätig und in der Regel seit mehr als 10 Jahren der stark belasteten Arbeit mit MTS ausgesetzt.

		Deutschland	England	Insgesamt
Anzahl der Befragten		29	12	41
gemitteltes Alter	Jahre	39	41,7	40,4
gemitteltes Gewicht	kg	82,1	80,5	81,3
gemittelte Körpergröße	cm	178,9	176,5	177,7
Geschlecht		Alle Befragten waren männlich		
Linkshänder/Rechtshänder		3/29	1/12	4/41
gemittelte Einsatzerfahrung	Jahre	15,5	13	14,3
Funktion der Befragten		3 Kolonnenführer 19 Arbeiter 7 Vorarbeiter	1 Kolonnenführer 8 Arbeiter 3 Vorarbeiter	
Berufsausbildung		2 Schlosser 1 Maschinenmeister 1 Metzger 1 Polier 1 KFZ-Mechaniker 21 angelernte Arbeitskräfte	1 Klempner 1 Dieselmechanikermeister 10 angelernte Arbeitskräfte	

Tabelle 3.1: Persönliche, anthropometrische und demographische Daten der befragten Geräteführer.

3.4.2 Typische Arbeitsaufgaben

Daß, wie bereits angedeutet, der MTS ein vielfältig eingesetztes Werkzeug ist, zeigt auch das Ergebnis der Befragung von Anwendern nach den hauptsächlich auftretenden Arbeits- und Einsatzbedingungen. Wie **Bild 3.5** zeigt, werden MTS hauptsächlich für das Trennen von Rohren, Bordsteinen und Gehwegplatten eingesetzt. Weitere typische Arbeitsaufgaben sind das Anbringen von Fugen in Asphaltdecken im Straßenbau und das Trennen von Eisen- oder Stahlarmierungen. Eine spezifisch im Bauwesen in Großbritannien vorzufindende Aufgabe ist das Ausschneiden von Fenster- und Türöffnungen aus bereits vollständig gemauerten Wänden.

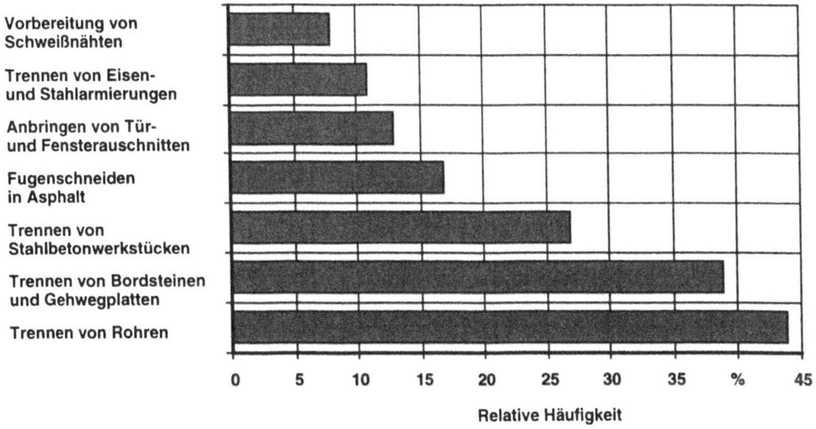

Bild 3.5: Relative Häufigkeit unterschiedlicher Arbeitsaufgaben beim Einsatz von MTS der im Rahmen der Feldstudie befragten Geräteführer (Mehrfachnennungen möglich)

Die tägliche Einsatzdauer von MTS variiert je nach Art des Betriebs und dem Umfang der auf der Baustelle durchzuführenden Arbeitsaufgabe. Bedingt durch die Tatsache, daß MTS überwiegend von angelernten Arbeitskräften bedient werden und daß diese Arbeitskräfte nur für Arbeitsaufgaben eingesetzt werden, welche eine niedrige Qualifikation erfordern, ergeben sich im Verhältnis zu den insgesamt im Bereich Hoch- und Tief- bzw. Straßenbau anfallenden Tätigkeiten relativ hohe tägliche Einsatzzeiten für MTS. In **Bild 3.6** sind die Mittelwerte der angegebenen täglichen Dauer für typische Arbeitsaufgaben sowie die mittlere tägliche Gesamtarbeitszeit dargestellt. Für den Einsatz von MTS ist somit von einer durchschnittlichen Arbeitszeit in Höhe von 3,6 Stunden auszugehen.

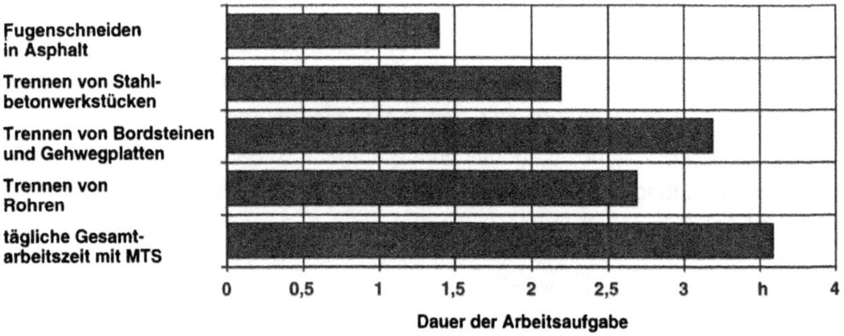

Bild 3.6: Mittelwerte für die tägliche Dauer einzelner Arbeitsaufgaben und für die tägliche Gesamtarbeitszeit mit MTS der im Rahmen der Feldstudie befragten Geräteführer

Die Betrachtung der einzelnen, mit MTS durchgeführten Aufgaben ergibt, daß die Arbeitsbedingungen beim Einsatz von MTS im wesentlichen durch das Bearbeitungsgut vorgegeben sind. Die Werkstücke besitzen in der Regel ein zu hohes Gewicht, als daß eine Ausrichtung bzw. ein Anheben derselben zur Erzielung einer für den Anwender zum Bearbeiten des Werkstücks günstigen Lage möglich ist. Vielmehr muß der MTS bzw. das rotierende Schneidwerkzeug zum Werkstück hin ausgerichtet werden. Somit bieten sich Lage und Höhe des durchzuführenden Trennschnitts als Klassifizierungsmerkmale für die unterschiedlichen Arbeitsaufgaben an. **Bild 3.7** zeigt die sich aufgrund der Aussagen der befragten Geräteführern ergebenden Häufigkeiten bestimmter Schnittlagen.

Nach **Bild 3.7** lassen sich folgende Arten von Trennschnitten unterscheiden:

- ❑ Vertikal- und Horizontalschnitte in Bodenhöhe (vgl. **Bild 1.1** und **Bild 3.8**),
- ❑ Vertikal- und Horizontalschnitte in Hüfthöhe (vgl. **Bild 3.9**),
- ❑ Vertikal- und Horizontalschnitte in Brusthöhe,

wobei der überwiegende Teil der Arbeiten in Bodenhöhe (Vertikalschnitte) durchgeführt wird. Beispiele weiterer Einsatzfälle sind im Anhang (**Bild A3** bis **Bild A6**) ab-

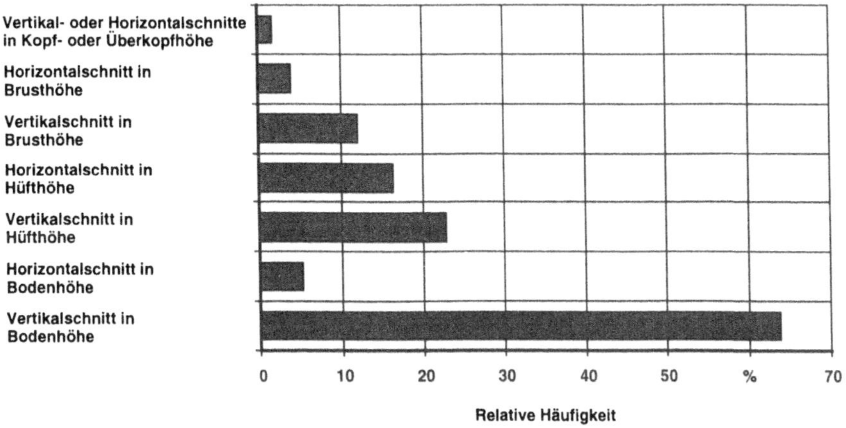

Bild 3.7: Häufigkeit unterschiedlicher Schnittlagen bei der Durchführung der Arbeitsaufgaben der im Rahmen der Feldstudie befragten Geräteführer (Mehrfachnennungen möglich)

gebildet. Die Durchführung von Trennschnitten in Kopf- oder Überkopfhöhe tritt, bedingt durch das hohe Gerätegewicht, äußerst selten auf und ist in der Regel auf den Einsatz von MTS beim Eindringen in verunglückte Fahrzeuge (Unfall- und Katastrophenschutz) beschränkt.

Bild 3.8: Horizontalschnitt in Bodenhöhe

Bild 3.9: Vertikalschnitt in Hüfthöhe

3.5 Belastungssituation beim Arbeiten mit benzinmotorgetriebenen Trennschleifern

Die durchgeführte Feldstudie bot neben der Analyse von Arbeits- und Einsatzbedingungen die Möglichkeit, gleichzeitig die wichtigsten Belastungskenngrößen beim Arbeiten mit MTS unter realen Bedingungen zu erfassen. Da diese im Zusammenhang mit den jeweils eingesetzten Geräten zu betrachten sind, sind in **Tabelle 3.2** die wichtigsten technischen Kenndaten der an den Einsatzorten vorgefundenen MTS dargestellt.

Gerät	Motortyp	Hubraum [cm^3]	Leistung [kW]	AV-System	Masse [kg]	maximaler Trennscheiben - Ø [mm]	Anzahl
A	EZM	70	3,5	ja	11,9	305	11
B	EZM	95	5,0	ja	13,6	355	6
C	EZM	60,3	3,0	ja	11,6	305	8
D	EZM	60,3	3,0	nein	12,0	305	7

Tabelle 3.2: Technische Merkmale der auf den besuchten Baustellen verwendeten MTS

Die Geräte der Typen A bis D entstammen den Produktionen der beiden eingangs genannten deutschen Hersteller. Die im folgenden angegebenen Werte bzgl. der Schwingungs- und Lärmemission beziehen sich auf die o.g. MTS-Typen. Dabei wurden die Geräte A, C und D jeweils mit Kunstharzscheiben mit einem Durchmesser von 300 mm, das Gerät B mit Hartmetallscheiben mit einem Durchmesser von 355 mm betrieben.

3.5.1 Schwingungsbelastung

Im Rahmen der Feldversuche konnte aus Gründen der nicht gegebenen Reproduzierbarkeit der Meßbedingungen keine detaillierte Analyse der Schwingungsbelastung durchgeführt werden; diese ist Gegenstand des Kapitels 4.3. Die im folgenden dargestellten Ergebnisse dienen somit lediglich einer ersten Orientierung bzgl. der beim Betrieb von MTS auftretenden gewichteten Schwingbeschleunigungswerte.

Die Hand-Arm-Systeme des Geräteführers sind während der Arbeit den vom MTS emittierten Schwingungen unmittelbar ausgesetzt. Die Expositionsdauer variiert, je nach Arbeitsaufgabe, stark; durchschnittlich arbeiten die befragten Personen 3,6 Stunden pro Tag (vgl. **Bild 3.6**) mit dem MTS. Als Mittelwert für die Durchführung einer einzelnen Arbeitsaufgabe wurde eine Dauer von 5 Minuten ermittelt.

Die Ergebnisse der im Rahmen der vorliegenden Arbeit durchgeführten Schwingungsmessungen werden ausschließlich als frequenzbewertete Schwingbeschleunigungen a_{ihw}, bzw. als deren Vektorsumme a_{vhw} angegeben (vgl. Kap. 4.2).

Diese Vektorsummen werden auch als frequenzbewertete Beschleunigungssummen bezeichnet und sind allgemein als WAS-Werte (**W**eighted **A**cceleration **S**um) bekannt. Die Angabe von WAS-Werte ist dann erforderlich, wenn sich, wie u.a. bei Motorkettensägen, Freischneidern oder MTS der Fall, in mehreren Schwingungsrichtungen ähnlich hohe Werte ergeben.

In **Bild 3.10** sind die gemittelten WAS-Werte bei maximaler Lastdrehzahl und unterschiedlichen Trennaufgaben an den Handgriffen der in **Tabelle 3.2** aufgeführten Geräte dargestellt, wie sie im Rahmen der Feldstudie ermittelt wurden (vgl. auch **Tabelle A1** im Anhang). Die zur Erfassung der Schwingungsbelastung eingesetzte Meßtechnik und das Auswerteverfahren werden ausführlich in Kapitel 4.2 behandelt.

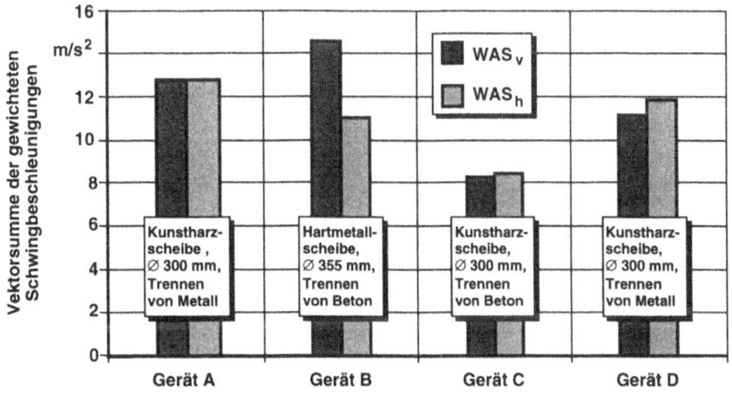

Bild 3.10: Vektorsummen (WAS-Werte) der frequenzbewerteten Schwingbeschleunigungen für Vorder- und Gasgriff (WAS_v bzw. WAS_h) der im Rahmen der Feldversuche untersuchten MTS bei maximaler Lastdrehzahl

Die in anderen Untersuchungen im Zusammenhang mit der Schwingungsbelastung des Hand-Arm-Systems angegebenen Schwingstärken, auch als K_H-Werte bezeichnet, können aus den frequenzbewerteten Schwingbeschleunigungen allgemein durch die Beziehung

$$K_{Hi} = 6,3 \left[\frac{s^2}{m}\right] \cdot a_{ihw} \tag{3.1}$$

ermittelt werden.

Legt man die ermittelte tägliche Einsatzzeit T_e von durchschnittlich 3,6 Stunden zugrunde und rechnet man die maximal an den Geräten A bis D auftretenden WAS-Werte in K_H-Werte um, so lassen sich, bezogen auf eine Gesamtarbeitszeit von T_r = 8 Stunden (vgl. VDI-Richtlinie 2057 /145/), nach

$$K_{ri} = \sqrt{\frac{1}{T_e} \int_0^{T_e} a_{ihw}(t)^2 \, dt} \cdot \sqrt{\frac{T_e}{T_r}} \cdot 6,3 \left[\frac{s^2}{m}\right] \tag{3.2}$$

Beurteilungs-Schwingstärken K_r im Bereich von 33,8 für Gerät C bzw. von 66,4 für Gerät A errechnen. Die sich nach VDI-Richtlinie 2057 /145/ für diese Werte ergebenden zulässigen maximalen Expositionszeiten von 0,6 bis 1,7 h stehen im Widerspruch zur tatsächlichen täglichen Einsatzzeit von MTS.

Für eine tägliche Gesamtarbeitszeit von Te = 3,6 h sind K_H-Werte von ca. 23, bzw. nach Umrechnung gemäß **(3.1)** WAS-Werte von 3,6 m/s² anzustreben. Diese Werte belegen den dringenden Handlungsbedarf zur Reduzierung der beim Betrieb von MTS auftretenden Schwingungsbelastung und der damit verbundenen Gesundheitsgefährdungen.

3.5.2 Lärmbelastung

Verschiedene Untersuchungen im Bereich motorbetriebener, handgeführter Arbeitsgeräte zeigen, daß der Bediener beim Betrieb derartiger Maschinen allgemein einer hohen Lärmbelastung ausgesetzt ist. Wie *Schwarzlose* /102/ in einer Übersicht ermittelte, liegt der Schalldruckpegel am Ohr der Bedienperson selten unter 90 dB(A). Für einachsige Motormähgeräte betragen die Werte zwischen 87 und 97 dB(A) /67, 84/; bei Kettensägen wurden bis zu 118 dB(A) ermittelt /82/.

Zur Erfassung der Lärmbelastung beim Betrieb von MTS wurden im Rahmen der Feldversuche Messungen des Schalldruckpegels am Ohr des Geräteführers vorgenommen (vgl. **Bild A2** im Anhang). Wie aus **Bild 3.11** hervorgeht, ergaben sich beim Betrieb unter maximaler Lastdrehzahl, je nach Gerät und Material des Werkstücks, Schalldruckpegel von ca. 103 bis 115 dB(A). Dabei fällt der durch den Trennvorgang bedingte Anteil gegenüber den Laufgeräuschen des Geräts vergleichsweise gering aus. Wie zusätzlich durchgeführte Messungen bei Maximaldrehzahl ohne Eingriff der Trennscheibe im Werkstück belegen, liegt dieser Anteil bei maximal 8 dB(A). Selbst wenn sich die Trennscheibe nicht im Eingriff befindet, werden so bei Maximaldrehzahl noch Schalldruckpegel L_A im Bereich zwischen 100 und 109 dB(A) erreicht (vgl. **Tabelle A2** im Anhang). Somit besteht von Seiten der UVV 'Lärm' /144/ die Notwendigkeit des Einsatzes von Gehörschutz.

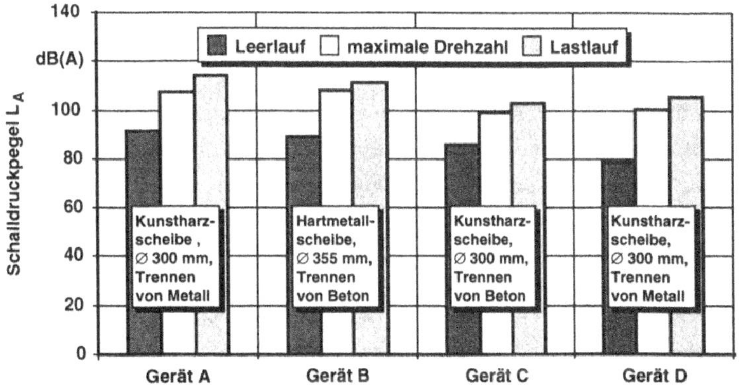

Bild 3.11: Schalldruckpegel der im Rahmen der Feldversuche untersuchten MTS bei unterschiedlichen Betriebszuständen, gemessen am Ohr des Geräteführers

3.5.3 Schadstoffbelastung

Je nach Arbeitsaufgabe, -haltung und -ort ist der MTS-Geräteführer einer hohen Schadstoffbelastung durch die beim Betrieb entstehenden Abgase ausgesetzt. Besonders beim Arbeiten an windgeschützten Orten ohne Luftaustausch und mit hoher Umgebungstemperatur, etwa in Mulden, Gruben, Kanälen oder Straßeneinschnitten, klagen die Anwender über eine hohe Belästigung durch die Motorabgase. Für die Arbeit mit Kettensägen, bei denen als Antriebsquellen ähnliche Zweitaktverbrennungsmotoren wie bei MTS verwendet werden, macht *Bloch* /5/ Aussagen zur Beeinträchtigung der Arbeitspersonen durch die Motorabgase. Nach einer mehrstufigen, subjektiven Rangskala rangiert die Abgasproblematik hinter der Lärmbelastung und vor der hohen Eigenmasse des Geräts an zweiter Stelle.

Die wesentlichen Abgaskomponenten Kohlenmonoxid (CO), Kohlenwasserstoffe (HC) und Stickoxide (NO_X) unterliegen bei handgeführten Arbeitsgeräten keiner generellen Limitierung seitens des Gesetzgebers. Ausnahme bildet hier der Einsatz von Geräten mit Verbrennungsmotor unter Tage bzw. in abgeschlossenen Räumen. Hier liegen von Seiten der Berufsgenossenschaft entsprechende Sicherheitsregeln /143/ vor, in denen maximal zulässige Abgasausstoßkonzentrationen angegeben werden.

Weitere Ausführungen über die Wirkung der einzelnen Abgasbestandteile auf den Menschen sind in /84/ und /71/ enthalten. Zur Bewertung gesundheitsschädlicher Substanzen in der Atemluft können die 'Maximal zulässigen Arbeitsplatzkonzentrationen' (MAK-Werte) und die 'Maximal zulässigen Immissionskonzentrationen' (MIK-Werte) herangezogen werden (VDI-Richtlinie 2310, /148/) sowie die 'Technische Anleitung zur Reinhaltung der Luft' /140/. Nach Messungen an Motormähgeräten, die mit Zweitaktmotoren ausgerüstet waren, konnte vor allem bzgl. des Kohlenmonoxidausstoßes eine deutliche Überschreitung des MIK-Grenzwerts festgestellt werden; auch zeigte sich ein klarer Einfluß des Luftaustausches /84/.

3.5.4 Biomechanische Belastung

Die Arbeitstätigkeit im Baugewerbe wird generell als hoch belastend eingestuft. Wie eine von *Spannhake* /104/ erabeitete, umfassende Forschungsdokumentation belegt, sind mit der Arbeit auf Baustellen z.T. erhebliche Risiken im Hinblick auf körperliche Beanspruchung und Arbeitssicherheit verbunden. Andere Publikationen /36, 62/ weisen ebenfalls auf die ungünstigen Arbeits- und Sicherheitsbedingungen im Baugewerbe hin. Die dort getroffenen Aussagen decken sich mit den statistischen Daten des Hauptverbands der gewerblichen Berufsgenossenschaften /52/. Demzufolge werden für die Berufsgruppe der im Baugewerbe tätigen Personen, welche einen Gesamtanteil von ca. 10% aller bei den Berufsgenossenschaften versicherten Personen ausmacht, nahezu 20% aller Entschädigungsleistungen aufgewendet.

Die biomechanischen Beanspruchungen, welche speziell beim Betrieb von MTS auftreten, werden sowohl durch die Arbeitsaufgabe als auch durch die Gestaltung der Mensch-Geräte-Schnittstelle bestimmt. Bedingt durch die geforderte Ausrichtung des MTS zum Werkstück hin (vgl. Kap. 3.4.2) entstehen per se ungünstige Körperhaltungen, die zu einer hohen Beanspruchung der Bedienperson führen. Dieser Tatbestand ergab sich auch anhand der Auswertung der Befragung der MTS-Geräteführer: 70% der Befragten gaben an, daß bei ihnen nach längerem Einsatz von MTS körperliche Beschwerden und Schmerzen, insbesondere im Rücken und im Hand-Arm-System, auftreten.

Lehmann /72/ gibt für diese Berufsgruppe 'Bauarbeiter' einen täglichen Energieumsatz von 5000 kcal an; dies entspricht dem zweifachen Wert von in Verwaltungsberufen tätigen Personen. Insbesondere das häufig notwendige Arbeiten in gebückter Körperhaltung führt zu einer starken Beanspruchung der Muskulatur von Rücken und Schenkeln. Nach *Lehmann* /72/ liegt der durchschnittliche Energieruheumsatz eines 35-jährigen Menschen (75 kg Gewicht, Körpergröße 170 cm) bei 1,2 kcal/min. *Sämann* /90/ gibt für das Arbeiten in stark gebückter Haltung einen um 0,56 kcal/min erhöhten Energieumsatz an. Diese Erhöhung von ca. 50% belegt deutlich die bei der für MTS typischen Arbeitshaltung entstehende Beanspruchung. Bei keiner anderen der von *Sämann* untersuchten Körperhaltungen werden derartig hohe Werte erreicht.

Die durch ungünstige Körperhaltungen entstehende Beanspruchung wird zusätzlich durch die Aufnahme des Gerätegewichts erhöht. *Schwarzlose* /102/ gibt für tragbare, motorbetriebene Handwerkzeuge eine zulässige Massenobergrenze von 15 kg an; jedoch wird hier die Körperhaltung nicht berücksichtigt. Zieht man das von *Schultetus* /98/ angegebene Verfahren zur Berechnung zulässiger Körperkräfte unter Berücksichtigung der Faktoren für Alter und Geschlecht (k_A), Trainiertheitsgrad (k_B), Anzahl der dynamischen Kraftanstrengungen (k_C) und der durchschnittlichen Dauer einer Einzelarbeitsaufgabe von bis zu 5 Minuten (k_D) sowie einer Maximalkraft von $F_{max} = 470$ N (körperferne Kraftausübung unterhalb der Beckenhöhe, Belastung der Hand auf Zug) heran, so ergibt sich als zulässige Kraft:

$$\mathbf{F_{zul} = F_{max} \cdot k_A \cdot k_B \cdot k_C \cdot k_D = 470\ N \cdot 0,95 \cdot 1,0 \cdot 0,7 \cdot 0,12 = 37,5\ N.} \quad \textbf{(3.3)}$$

Zwar wird je nach Lage des durchzuführenden Trennschnitts (z.B. beim Vertikalschnitt in Bodenhöhe) eine partielle Entlastung dadurch erreicht, daß die Geräteführer einen Teil der wirkenden Gewichtskraft zur Aufbringung der Andruckkraft einsetzen; dies macht jedoch nach Angaben der Geräteführer nur einen Anteil von ca. 25% aus. Somit sind trotz dieser Tatsache die verbleibenden Gewichtskräfte von bis zu 100 N (75% des Gerätegewichts, vgl. **Tabelle 3.2**) deutlich zu hoch.

Eine weitere Erhöhung der körperlichen Beanspruchung ergibt sich aus der mangelhaften Gestaltung der Mensch-Geräte-Schnittstelle von MTS. Betrachtet man die Bedingungen, unter denen Benzinmotor-Trennschleifer eingesetzt werden, so zeigt sich, daß die Griffgestaltung derartiger Geräte nur ungenügend an die sich bei unterschiedlichen Arbeitsaufgaben ergebenden Anforderungen bzgl. des Haltens und Führens angepaßt ist. Durch die notwendige Ausrichtung des MTS zum Werkstück hin resultieren zusätzlich zu den o.g. ungünstigen Körperhaltungen für das Hand-Arm-System oftmals extreme Auslenkungen, insbesondere in den Handgelenken, die zu einer hohen körperlichen Belastung und zu einer Verstärkung der Einleitung der von diesen Geräten emittierten Vibrationsenergie führen.

Die derzeitige Griffgestaltung der Gasgriffe führt beim Durchführen von Horizontalschnitten zu einer starken volaren Auslenkung des Handgelenks, um den Hebel zur Drehzahlsteuerung des Geräts zu erreichen. Gleichzeitig macht der Verlauf des als Rohr ausgebildeten Vordergriffs auf der rechten Gehäuseseite (senkrecht nach unten, eng am Gehäuse anliegend) ein sicheres und ergonomisch günstiges Zugreifen unmöglich.

Bei Vertikalschnitten, die in der Regel je nach Lage und Art des Werkstücks in verschiedenen Höhen über dem Boden ausgeführt werden, ergibt sich das Problem, daß der Abstand zwischen Vordergriff und Gasgriff zueinander zu gering ist. Infolgedessen ist der Anwender dazu gezwungen, sich bei Arbeiten direkt in Bodenhöhe sehr stark zu bücken. Bei Arbeiten in Hüft- oder Brusthöhe wirkt sich der geringe Abstand dahingehend aus, daß der Geräteführer keine Möglichkeit hat, eine für die Kraftausübung optimale Winkelstellung der Ellenbogengelenke zu erzielen. Speziell bei der Durchführung von Vertikalschnitten in Hüft- oder Brusthöhe ist der Anwender zu starken Anwinkelungen desjenigen Arms gezwungen, mit dessen Hand der Vordergriff des Geräts gegriffen wird.

Bullinger und *Solf* weisen in /11/ auf die Probleme hin, welche aufgrund einer mangelhaften Gestaltung der Mensch-Geräte-Schnittstelle und den damit erzwungenen starken Auslenkungen des Handgelenks resultieren, und geben in /12/ Fallbeispiele für die ergonomische Gestaltung von Handgriffen und Stellteilen von handgeführten Werkzeugen.

Noch in keiner Weise berücksichtigt sind die Anforderungen, die linkshändige Anwender an die Griffgestaltung stellen. Betrachtet man derzeitig auf dem Markt angebotene MTS, so zeigt sich, daß die Griffgestaltung der meisten Geräte ausschließlich auf Rechtshänder ausgelegt ist.

Dies äußert sich u.a. in Form und Verlauf des vorderen Handgriffs; dieser verläuft in der Regel asymmetrisch und weist oftmals keine Zugriffsmöglichkeit auf der rechten Gehäuseseite auf. Die Durchführung der Arbeitsaufgaben wird darüber hinaus durch die Lage des Geräteschwerpunkts kompliziert. Dieser liegt auf der Linie des Vordergriffs, so daß die gesamte Gewichtskraft auf einer Hand bzw. einem Arm lastet.

Weitere Faktoren, die Körperhaltung und Hand-Arm-Stellungen des Geräteführers negativ beeinflussen, sind aufgrund von Staubbelästigung, Funkenflug und schlechter Sicht der eingenommene seitliche Versatz zwischen Arbeiter und MTS und der dadurch bedingte ungleiche Abstand der beiden Hände zur Schnittebene sowie das vielfach beobachtete Festhalten des Werkstücks mit dem Fuß. Diese Faktoren bedingen eine starke Einschränkung des Geräteführers hinsichtlich seiner Beweglichkeit, was direkte Auswirkungen auf die mögliche Kraftentfaltung und die Ausdauer mit sich bringt. Dadurch wird das Arbeitsergebnis negativ beeinflußt, und es treten frühzeitig Ermüdungserscheinungen auf.

3.5.5 Belastung durch Umgebungsbedingungen

Aufgrund der Tatsache, daß Arbeiten mit MTS überwiegend ungeschützt im Freien durchgeführt werden, ist der Geräteführer zusätzlich zu den vorgenannten Faktoren einer Reihe von Umgebungseinflüssen ausgesetzt, die ihn ebenfalls belasten. Hier sind insbesondere die Witterungsbedingungen zu betrachten /36, 55, 62/. Die z.B. von *Grandjean* /46/ empfohlenen Werte für die Umgebungstemperatur bei sehr schwerer bzw. schwerer im Stehen zu verrichtender Arbeit von 15°C bis 17°C lassen sich auf Baustellen in keiner Weise einstellen. Vielmehr ist je nach Jahreszeit von Temperaturen zwischen -15°C und 35° C auszugehen.

Der menschliche Organismus versucht, im Falle hoher Umgebungstemperaturen, durch Verschiebungen der Wärme auf dem Blutweg und durch Sekretion von Schweiß seinen Wärmehaushalt auszugleichen. Bei niedrigen Temperaturen findet eine Erhöhung der Wärmeproduktion statt, welche durch eine Steigerung der Verbrennungsvorgänge in der Muskulatur und in anderen Organen ermöglicht wird und sich augenfällig durch ein sogenanntes 'Kältezittern' manifestiert /46/. *Schmidtke* /97/ nennt als wesentliche Auswirkungen von Arbeiten in kaltem Klima die Herabsetzung verschiedener physischer Funktionen wie z.B. Reaktionszeit oder sensomotorische Koordination. In diesem Zusammenhang muß auch auf die kombinatorische Wirkung von Vibration und Kälte auf die Entstehung vibrationsbedingter Erkrankungen hingewiesen werden (vgl. Kap. 4.1.3).

Hohe Umgebungstemperaturen führen nach *Schmidtke* /97/ zu einer generellen Reduzierung der körperlichen Leistung und der subjektiven Leistungsbereitschaft. Untersuchungen von *Mackworth* /76/ sowie von *Vitales* und *Smith* /108/ ergaben eine Absenkung der mittleren Leistung bis 25% bei Steigerung der Umgebungstemperatur auf 35°C.

Als weitere, den Geräteführer von MTS betreffende Umgebungsbedingungen sind die lokalen Gegebenheiten der Baustelle selbst zu nennen. Da MTS vielfach für Kanalisationsarbeiten eingesetzt werden, muß auch der begrenzte Bewegungsfreiraum in Kanalisationsgruben als belastender Faktor in Betracht gezogen werden. So wurden z.B. von *Andersson et al.* /3/ festgestellt, daß räumliche Enge und durch sie bedingte Zwangshaltungen die körperliche Leistung des Menschen deutlich negativ beeinflussen.

Zusammenfassend kann festgehalten werden, daß die genannten Umgebungsbedingungen zu einer Minderung der körperlichen Leistungsfähigkeit der Bedienperson führen und die Durchführung der Arbeitsaufgabe deutlich erschweren. Da diese Faktoren nicht unmittelbar beeinflußt werden können, ist es um so wichtiger, zur Erreichung einer möglichst niedrigen Gesamtbeanspruchung den Anwender von MTS so wenig wie möglich durch gerätespezifische Faktoren zu belasten.

4 Analyse der Schwingungsbelastung

In diesem Kapitel wird zu Beginn, nach Beschreibung des derzeitigen Stands der Forschung zur Belastung durch Hand-Arm-Schwingungen, auf die zur Anwendung kommenden Normen und Prüfvorschriften eingegangen. Anschließend werden eingesetzte Meßtechnik und Auswerteverfahren beschrieben und die Ergebnisse gezielter experimenteller Untersuchungen einzelner, die Schwingungsbelastung beim Arbeiten mit MTS beeinflussende Faktoren diskutiert. Abschließend wird ein mechanisches Hand-Arm-Ersatzsystem zur Substitution der Probanden bei der Durchführung von Schwingungsmessungen vorgestellt.

4.1 Stand der Forschung

4.1.1 Auftretende Schwingungsbelastung beim Arbeiten mit handgeführten Geräten

Der Begriff 'Schwingungsbelastung' umfaßt die Einwirkung von Schwingungen auf den Menschen, die durch Messungen an der Einleitungsstelle physikalisch erfaßt werden können. Dem gegenüber beschreibt die 'Schwingungsbeanspruchung' die Auswirkungen der Schwingungsbelastung auf den menschlichen Körper. Sie sind nur indirekt erfaßbar und äußern sich akut als Belästigung, Arbeitsbehinderung, Leistungsminderung und manifestieren sich im chronischen Fall als irreversible Gesundheitsschäden bzw. Berufskrankheiten.

Die direkte Einleitung von Schwingungen handgeführter Geräte erfolgt über die Mensch-Maschine-Schnittstelle in das Hand-Arm-System (HAS) der Arbeitsperson, die bei der Ausführung von Arbeiten verschiedene Aufgaben wahrzunehmen hat:

- ❑ Halten bzw. Transportieren des Arbeitsgeräts,
- ❑ Aufbringen von Halte- und Führungskräften beim Positionieren bzw. Fahren,
- ❑ Aufbringen von Andruckkräften,
- ❑ Betätigen von Stellteilen zur Regelung der Leistung des Arbeitsgeräts,
- ❑ Abstützen und Stabilisieren des Körpers bei Arbeiten in gebeugter Haltung.

Die o.g. Aufgaben werden durch in das HAS eingeleitete Schwingungen erschwert. Als Grundlagen für ihre Messung und Beurteilung dient neben DIN 45671 /120/ und DIN 45675 /121/ die VDI-Richtlinie 2057 /145/, die u.a. mathematische Beziehungen zur Berechnung der sogenannten 'Beurteilungs-Schwingstärke K_r' enthält (vgl. Kap. 3.5.1). Damit ist es möglich, auch für eine Schwingungseinwirkung, die sich aus unterschiedlichen Belastungsabschnitten zusammensetzt, einen energieäquivalenten Mittelwert anzugeben. Dieser kann als Maß für die Gesamtschwingungsbeanspruchung während eines Arbeitstages (Beurteilungsdauer T_r = 8h) betrachtet werden; nach /64/ ist damit jedoch nur eine orientierende Beurteilung der Gesundheitsgefährdung möglich. D.h. eine direkte Kausalität zwischen der Höhe einer Schwingungsbeanspruchung und dem Auftreten gesundheitlicher Schädigungen läßt sich nicht herstellen.

Während in der VDI-Richtlinie 2057 /145/ nicht nach den beiden auf die Einwirkung von Hand-Arm-Schwingungen zurückzuführenden Berufskrankheiten BK 2103 und 2104 (vgl. Kapitel 4.1.3) unterschieden wird, liefert die ISO-Norm 5349 /135/ dagegen eine differenziertere Bewertungsgrundlage für die Abschätzung des Entstehens eines sogenannten **V**ibrationsbedingten **V**asospastischen **S**yndroms (VVS). Dort wird ein Verfahren vorgestellt, nach dem sich mit einer vorgegebenen Wahrscheinlichkeit im Bereich von 10% bis 50% und bekannter Schwingungsbelastung die Expositionsdauer in Jahren bis zum Auftreten erster Symptome des VVS bestimmen läßt.

Das Schwingungsverhalten des Hand-Arm-Systems (HAS) ist zum einen gekennzeichnet durch die mechanischen Eigenschaften der Einleitungsstelle der Schwingungen in das System; zum anderen durch die Relativbewegungen zwischen seinen einzelnen Segmenten /41/. Die Merkmale der auf das HAS wirkenden Schwingungen sind ihre Intensität, Frequenz, Richtung sowie die Expositionsdauer. Die Bedeutung der Schwingungsbelastung beim Arbeiten mit handgeführten Geräten dokumentieren eine Reihe von Untersuchungen, die sich neben der Erfassung und Bewertung auch mit den Auswirkungen der Hand-Arm-Schwingungen auf den Menschen befassen.

Verschiedene Studien belegen, daß eine Vielzahl von Erwerbstätigen täglich mechanischen Schwingungen, die von handgeführten Geräten und Werkzeugen erzeugt werden, ausgesetzt ist. Nach einer quantitativen Analyse von *Schwarzlose* /101/ ist davon auszugehen, daß dies bei ca. 18% aller Beschäftigen in Deutschland (alte Bundesländer) der Fall ist. In einer anderen Untersuchung, welche speziell die Personengruppe der im Baugewerbe beschäftigten Personen betrachtet, nennt *Holland* /58/ eine Gesamtzahl von 636.000 Beschäftigten, die täglich mit vibrierenden, handgeführten Geräten konfrontiert sind.

Weichenrieder und *Dupuis* /109/ ermittelten u.a. die Schwingungen verschiedener handgeführter Arbeitsgeräte. *Dupuis* /26/ gibt 'Bewertete Schwingstärken' (K_H-Werte) für verschiedene Gerätegruppen bei Schwingungseinwirkung über das HAS an. Er stellt insgesamt eine große Bandbreite der Werte fest; fast alle liegen jedoch erheblich über dem zulässigen Grenzwert von K_H = 12 für das Kriterium 'Beeinträchtigung der Gesundheit' bei einer achtstündigen Expositionszeit /145/.

In der o.g. Untersuchung von *Holland* /58/ werden für verschiedene, im Bauhandwerk eingesetzte handgeführte Geräte bewertete, energieäquivalente Schwingstärken $K_{ZH\ eq}$ (vgl. VDI 2057 /145/) im Bereich zwischen 6 und 48 genannt, wobei die Mehrzahl der angebenenen Werte oberhalb von 20 liegt. Spezielle Werte, welche die beim Betrieb von MTS auftretende Schwingungsbelastung beschreiben, werden nicht genannt.

Das Berufsgenossenschaftliche Institut für Arbeitssicherheit (BIA) verfügt über eine Vibrationsbelastungs-Datenbank /19/, in der nach einem vereinheitlichten Meßverfahren ermittelte Schwingungsexpositionswerte verschiedener Arbeitsgeräte abgespeichert sind. Insgesamt sind die Daten von 17 Gerätegruppen aufgeführt; MTS befinden sich nicht darunter. Die artverwandten Kettensägen weisen in z-Richtung energieäquivalente Mittelwerte der bewerteten Schwingstärken (vgl. VDI 2057 /145/) $K_{ZH\ eq}$ bis 110 auf (Mittelwerte um 70), wobei die Werte am hinteren Handgriff weit über denen am vorderen liegen.

4.1.2 Schwingungsbelastung beim Arbeiten mit benzinmotorgetriebenen Trennschleifern

Wie die Ergebnisse der Feldversuche (vgl. Kapitel 3.5.1) zeigen, sind die Geräteführer von MTS einer hohen Schwingungsbelastung ausgesetzt. Trotz des sich hieraus ergebenden Handlungsbedarfs, im Sinne der Erarbeitung von Maßnahmen zur Schwingungsreduzierung, liegen bis dato keine wissenschaftlichen Untersuchungen über Schwingungsverhalten und Schwingungsbelastung von MTS vor. Lediglich die, von der Bauart her ähnlichen Kettensägen waren bereits Gegenstand umfangreicher Forschungsarbeiten.

So wurden u.a. von *Bloch et. al* /5, 6, 7/ und *Starck et. al* /105/ die Arbeits- und Einsatzbedingungen von Motorkettensägen untersucht und Maßnahmen zur Verbesserung der Arbeitssicherheit und Verringerung einzelner Belastungskenngrößen vorgestellt. *Thomsen* und *Bohlmann* /107/ arbeiteten intensiv an der Reduzierung der Lärmemission dieser Geräte; ein angestrebter Schalldruckpegel von unter 90 dB(A), gemessen am Ohr des Geräteführers, konnte jedoch nicht erreicht werden. *Hartung* und *Dupuis* /50/ sowie *Landwehr* /68, 69/ befaßten sich eingehend mit der Reduzierung der Schwingungsbelastung von Motorkettensägen. In der Arbeit von *Hartung* und *Dupuis* /50/ werden WAS-Werte für den Gasgriff im Bereich von 6,7 bis 17,4 m/s^2 bzw. für den Vordergriff von 3,3 bis 11,7 m/s^2 angegeben. Durch eine Kombination verschiedener Maßnahmen gelang es *Landwehr* /70/, im Einzelfall für einen bestimmten Motorkettensägentyp Schwingungsreduzierungen von bis zu 71% zu erzielen.

Bei Durchsicht der o.g. Literatur wird jedoch deutlich, daß sich Motorkettensägen und MTS nicht direkt vergleichen lassen. Dies liegt zum einen an den völlig unterschiedlichen Arbeits- und Einsatzbedingungen. Während Motorkettensägen lediglich zur Bearbeitung von Holz eingesetzt werden (z.B. Fällen von Bäumen, Entasten gefällter Bäume, Durchtrennen von Baumstämmen) haben MTS ein breites Einsatzspektrum, welches sich ähnlich umfangreich wie bei elektrisch angetriebenen, handgeführten Winkelschleifern gestaltet und eine Vielzahl verschiedener Bearbeitungsgegenstände sowie -materialien (Metall, Stein, Beton) umfaßt. Zum anderen ist der konstruktive Aufbau von MTS, insbesondere die Ankopplung des angetriebenen Werkzeugs, d.h. der Trennscheibe, anders gestaltet als dies bei Motorkettensägen der Fall ist. MTS weisen auch andere Massenverhältnisse zwischen Griffsystem und elastisch gelagerter Einheit auf; ebenfalls verschieden sind die Charakteristika der vom angetriebenen Werkzeug verursachten Schwingungen sowie die beim Arbeiten mit MTS notwendigen Führungs- und Bearbeitungskräfte. Aus diesen Gründen lassen sich die Ergebnisse der bereits mit Motorkettensägen durchgeführten Arbeiten nicht auf MTS übertragen und machten somit die in Kapitel 4.3 beschriebenen, eigenen Untersuchungen notwendig.

4.1.3 Wirkung der von handgeführten Geräten emittierten mechanischen Schwingungen auf das Hand-Arm-System

Die Belastung der Arbeitsperson während der Erfüllung der Arbeitsaufgabe steigt durch die Einwirkung von Hand-Arm-Schwingungen und kann neben der Beeinträchtigung der Arbeitssicherheit zu den in **Bild 4.1** zusammengefaßten akuten und chronischen Auswirkungen auf die Gesundheit führen (vgl. *Schäfer* /91/) .

Hand-Arm-Schwingungen	
Akute Wirkungen	**Chronische Wirkungen**
1. Physiologische Reaktionen ❑ verminderte periphere Durchblutung ❑ erhöhte Muskelaktivität ❑ Störung des peripheren Nervensystems (Abnahme der Tastempfindung) ❑ verminderte Konzentrationsfähigkeit ❑ schnellere Ermüdung	**1. Schädigung von Knochen und Gelenken** ❑ Muskel- und Gelenkschmerzen ❑ Knochenwucherungen ❑ Deformierung der Gelenkflächen ❑ Knochenabsplitterungen ❑ Knorpelzerstörung ❑ Knochengewebeablösung
2. Unangenehme subjektive Wahrnehmung ❑ Unwohlsein ❑ Schmerzen	**2. periphere Durchblutungsstörungen** ❑ Vibrationsbedingtes Vasospastisches Syndrom (Weißfingerkrankheit)
3. Leistungsbeeinflussung ❑ erschwerte feinmotorische Koordination	**3. Muskelatrophie**

Bild 4.1: Wirkung mechanischer Schwingungen auf das Hand-Arm-System

Nach *Dupuis* /28/ wird häufig, entsprechend den verschiedenen Krankheitsstadien, eine bestimmte Reihenfolge des Auftretens der verschiedenen Symptome angenommen. Auf Sensibilitätsstörungen in den Fingern und periphere Durchblutungsstörungen folgen Sehnen-, Muskel-, Knochen- und Gelenkveränderungen; nach Auffassung von Wissenschaftlern in der ehemaligen UdSSR können in fortgeschrittenen Stadien sogar Schädigungen des Zentralnervensystems auftreten /44/.

Bei der Einwirkung mechanischer Schwingungen über die Hände wird in der bereits genannten Untersuchung /28/ ein Zusammenhang zwischen peripheren Durchblutungsstörungen und degenerativen Veränderungen der Gelenke und Knochen des HAS vermutet. In Deutschland werden jedoch bis heute beide Symptombereiche zwei verschiedenen Berufskrankheiten (BK) zugeordnet: Es sind dies die

- BK 2103: 'Erkrankungen durch Erschütterung bei Arbeit mit Druckluftwerkzeugen oder gleichartig wirkenden Werkzeugen oder Maschinen',
- BK 2104: 'Vibrationsbedingte Durchblutungsstörungen an den Händen, die zur Unterlassung aller Tätigkeiten gezwungen haben, die für die Entstehung, die Verschlimmerung oder das Wiederaufleben der Krankheit ursächlich waren oder sein können'.

Über beide Krankheiten wird u.a. in /26, 28, 29/, auch aus medizinischer Sicht und unter Berücksichtigung bereits vorliegender Untersuchungen, ausführlich berichtet. Grundsätzliche Ausführungen zur Problematik der Berufskrankheiten macht *Thiele* in /106/.

Die vibrationsbedingten Erkrankungen der Knochen und Gelenke (BK 2103) sind nach einem Überblick in /28/ die ältesten unter den 'chirurgischen' Berufskrankheiten; sie wurden bereits 1929 in die Berufskrankheitenverordnung aufgenommen. Den vorliegenden Forschungsarbeiten zufolge scheint das Risiko, Knochen- und Gelenkschäden durch Schwingungsbelastung des HAS zu erleiden, relativ gering: Zwischen 0,2 und 1,1% der Exponierten sind betroffen. Nach der Statistik /52/ hatten die angezeigten und erstmals von der Berufsgenossenschaft entschädigten Fälle 1950 mit einer Zahl von 2636 bzw. 1210 ihren Höhepunkt. Nach einem starken Rückgang hat sie sich in den siebziger Jahren auf ein Niveau von immerhin noch jährlich 200 bis 300 neu anerkannter Fälle eingependelt; seit 1990 liegt die Zahl erstmals entschädigter Fälle im Bereich von 100, während die Zahl der Anzeigen auf Verdacht einer BK 2103 mit 785 Fällen 1992 wieder deutlich angestiegen ist.

Beobachtungen von Störungen der peripheren Durchblutung bzw. der Nervenfunktion wurden bereits zu Beginn dieses Jahrhunderts bei Arbeitern mit Preßluftgeräten und bei Steinmetzen gemacht. Es liegen gesicherte Beobachtungen darüber vor, daß das Risiko einer Erkrankung bei Schwingungsbelastung durch Geräte und Maschinen mit höheren Frequenzen offensichtlich größer ist, als bei Geräten, die tieffrequente Schwingungen erzeugen. Als Grenzzone wird der Bereich von 30 bis 50 Hz angenommen /26/. Das gleichzeitige Vorkommen von BK 2103 und BK 2104 kann bei der Arbeit mit solchen Geräten nicht ausgeschlossen werden, deren Schwingungen in einem breiten Frequenzband liegen.

In einer neueren Arbeit stellen *Okada* und *Nakamura* /86/ fest, daß infolge Vibrationseinwirkung eine Verödung von direkt unter der Haut liegenden Blutgefäßen sowie eine Arterienverdickung stattfindet. Dies wird als einer der Hauptfaktoren bei der Pathogenese (Entstehung und Entwicklung) des VVS angesehen. *Gritsko, Shulga et al.* beschreiben in /48/ das Risikoverhalten verschiedener Körperbautypen bezüglich möglicher Schädigungen bei Schwingungsexposition.

Bloch und *Kaminsky* /7/ sehen für die Entstehung des VVS ein Zusammenwirken folgender Faktoren:

- Individualität (Disposition, Gewohnheit etc.),
- Schwingungsbelastung aus der Interaktion zwischen Mensch und Maschine,
- Expositionszeit,
- Geräuschbelastung,
- biomechanische Bedingungen (z.B. Hand-Arm- und Handgelenkstellung, Greifkräfte, Andruckkraft),
- Temperatur (Kälte).

Aufgrund der beim Arbeiten mit MTS neben der Vibrationsbelastung ebenfalls auftretenden hohen Lärmemissionen, der durch Arbeitsaufgabe und Gewichtskräfte bedingten hohen Greif- und Andruckkräfte sowie der z.T. niedrigen Umgebungstemperaturen (vgl. Kapitel 3.5) kann die verstärkende Wirkung dieser Faktoren im Hinblick auf die Entstehung des VVS nicht unberücksichtigt bleiben /26/.

Bzgl. der Kombination von Lärm- und Schwingungsbelastung wird von Auswirkungen auf die Funktion des Nervensystems berichtet /37, 49/. Andere Untersuchungen zeigen, daß das gleichzeitige Auftreten von Lärm und Schwingungen einen Einfluß auf die körperliche Stabilität haben kann /59/.

Zahlreiche Untersuchungen /21, 34, 51, 65/ befassen sich mit der verstärkenden Wirkung von Greif- und Andruckkräften auf die Schwingungsbelastung und weisen auf die deutliche Zunahme der Schwingungsbelastung bei Erhöhung der o.g. Kräfte hin.

Den größten Einfluß im Sinne einer kombinatorischen Wirkung haben niedrige Umgebungstemperaturen. Verschiedene Arbeiten /92, 100/, die z.T. unter Laborbedingungen durchgeführt wurden, z.T. auf den Auswertungen von Feldversuchen basieren, belegen, daß es einen möglichen Zusammenhang zwischen dem Vorhandensein von kalten klimatischen Bedingungen und einer Vibrationsbelastung bzgl. des

Auftretens des VVS gibt. Allerdings muß dieser Zusammenhang in Verbindung mit anderen Faktoren, wie z.B. statischen Fingerkräften, gesehen werden.

Ebenfalls berücksichtigt werden muß, daß beim Arbeiten mit MTS, bedingt durch die sich aufgrund der ungenügenden Griffgestaltung ergebenden, starken ulnaren bzw. volaren Handgelenksauslenkungen (vgl. Kap. 3.5.4), die Gefahr des Auftretens von vibrationsbedingten Krankheiten, wie dem VVS, der Lunatummalazie (Mondbeintod) oder der navicularen Pseudoarthrose (Kahnbeinpseudoathrose) erhöht wird. *Dupuis* /26/ weist darauf hin, daß arbeitsphysiologische günstige Hand- und Fingerhaltungen geeignet sind, das Risiko von vibrationsbedingten Erkrankungen zu verringern. Dies setzt eine ergonomisch günstige Griffgestaltung voraus.

Die 'vibrationsbedingten Durchblutungsstörungen' (offizielle Kurzbezeichnung der BK 2104) werden erst seit der letzten Änderung der Berufskrankheitenverordnung (BeKV) 1976 als Berufskrankheit anerkannt; dementsprechend relativ gering ist die Häufigkeit der erstmals entschädigten Fälle. 1992 war dies bei sieben Personen der Fall; insgesamt erhielten in diesem Jahr 39 Personen Entschädigungsleistungen nach BK 2104 gegenüber 5682 Fällen, die nach BK 2103 entschädigt wurden /52/. Aufgrund der Fortschritte bei Weiterentwicklung anwendbarer Diagnoseverfahren /8, 26, 99/ des VVS kann in nächster Zeit mit einer steigenden Zahl zu entschädigender Personen gerechnet werden. Nach /52/ gingen seit 1990 allein 192 Anzeigen auf Verdacht der BK 2104 bei den Berufsgenossenschaften ein.

4.2 Beschreibung der eingesetzten Meßtechnik und Auswerteverfahren

4.2.1 Meß- und Beurteilungsgrößen

Bei handgeführten Geräten dient allgemein die an den Handgriffen gemessene Schwingbeschleunigung als Beurteilungsgröße für die Schwingungsbelastung. Die zur Erfassung und Auswertung von Schwingbeschleunigungen anzuwendenden Verfahren sind u.a. in DIN 45671 /120/ und DIN 45675 /121/ bzw. DIN EN 28662 /119/ festgelegt. Bei der Messung von Hand-Arm-Schwingungen erfolgt generell eine Frequenzbewertung des Schwingbeschleunigungssignals. Mit Hilfe dieser Frequenzbewertung wird u.a. das biomechanische Schwingungsverhalten des menschlichen HAS, die möglichen Gefahren für das Auftreten vibrationsbedingter Erkrankungen sowie das menschliche Schwingungsempfinden berücksichtigt. Der relevante Bereich der Frequenzbewertung von Hand-Arm-Schwingungen liegt zwischen 8 Hz und 1000 Hz. Dabei werden aufgrund der vorliegenden Resonanzen des HAS /27/ Frequenzen im unteren Bereich bis 16 Hz am stärksten, die darüber liegenden Frequenzbereiche mit zunehmender Frequenz schwächer bewertet (vgl. **Bild 4.2**).

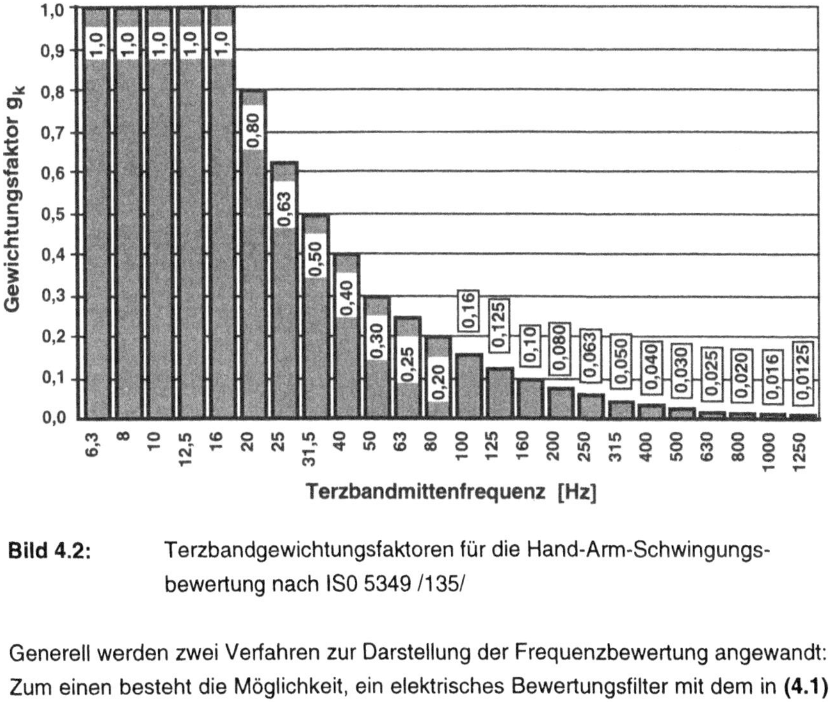

Bild 4.2: Terzbandgewichtungsfaktoren für die Hand-Arm-Schwingungsbewertung nach IS0 5349 /135/

Generell werden zwei Verfahren zur Darstellung der Frequenzbewertung angewandt: Zum einen besteht die Möglichkeit, ein elektrisches Bewertungsfilter mit dem in **(4.1)** definierten Amplitudenfrequenzgang $|H_H|$ zu verwenden.

$$|H_H| = \sqrt{\frac{1+\left(\frac{f}{16\ \mathrm{Hz}}\right)^2}{\left[1-\left(\frac{f}{16\ \mathrm{Hz}}\right)^2+\left(\frac{f}{10{,}2\ \mathrm{Hz}}\right)^2\right]}} \qquad \mathbf{(4.1)}$$

Auf diese Weise erhält man ein frequenzbewertetes Schwingbeschleunigungssignal $a_{ihw}(t)$, aus welchem sich, für eine zeitliche Mittelungsdauer T_e nach **(4.2)** ein energieäquivalenter Mittelwert bzw. Effektivwert der frequenzbewerteten Schwingbeschleunigung a_{ihw} errechnen läßt.

$$a_{ihw} = \sqrt{\frac{1}{T_e}\int_0^{T_e} a_{ihw}(t)^2\,dt} \tag{4.2}$$

Andererseits kann auch aus dem ungewichteten Schwingbeschleunigungssignal $a_{ih}(t)$ mit Hilfe eines Frequenzanalysators ein Terzbandspektrum errechnet und die Frequenzbewertung durch eine Multiplikation der einzelnen Terzband-Effektivwerte mit den in **Bild 4.2** dargestellten Gewichtungsfaktoren durchgeführt werden. Nach erfolgter Gewichtung wird abschließend aus den gewichteten Terzbandwerten nach **(4.3)** ebenfalls ein Effektivwert der frequenzbewerteten Schwingbeschleunigung a_{ihw} gebildet. In diesem Fall reicht der Bewertungsbereich vom Terzband mit einer Mittenfrequenz von 6,3 Hz (k=8, /134, 135/) bis zum Terzband mit einer Mittenfrequenz von 1250 Hz (k=30).

$$a_{ihw} = \sqrt{\sum_{k=8}^{30}(a_{iTk}\cdot g_k)^2} \tag{4.3}$$

Diese Bewertungsverfahren werden in den einschlägigen Normen /120, 135/ detailliert beschrieben und sind gleichberechtigt für die Ermittlung der frequenzbewerteten Hand-Arm-Schwingbeschleunigung zugelassen. Anstelle des Begriffs 'frequenzbewertet' wird in dieser Arbeit auch der Begriff 'gewichtet' verwendet. Für die im folgenden beschriebenen Untersuchungen kam das zweite der o.g. Verfahren zum Einsatz.

Die Ausrichtung der Schwingungsaufnehmer zur gezielten Erfassung der Schwingungsbelastung in verschiedenen Richtungen eines handgeführten oder handgehaltenen Gerätes erfolgt in der Regel nach dem in ISO 5349 /135/ und in der VDI-Richtlinie 2057 /145/ festgelegten Koordinatensystem (vgl. **Bild 4.3**), welches sich an der Anatomie der menschlichen Hand orientiert. Abweichend von diesem Koordinatensystem sind auch gerätespezifische Ausrichtungen der Schwingungsaufnehmer, z.B. nach den Hauptachsrichtungen der an einem Gerät vorhandenen Griffe möglich. In jedem Falle lassen sich so für jeden Handgriff eines Gerätes insgesamt drei gewichtete Schwingbeschleunigungswerte a_{ihw} angeben.

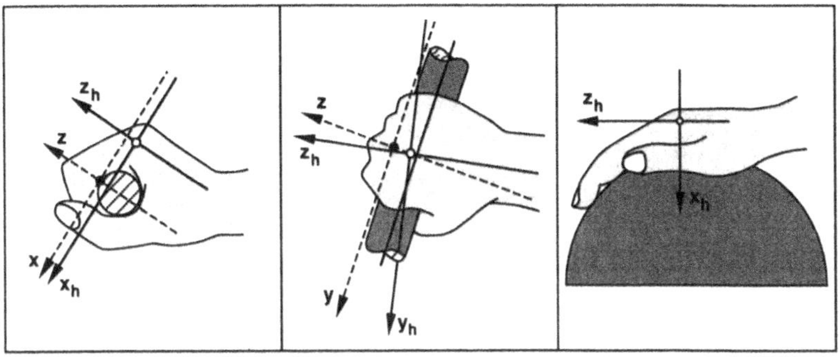

Bild 4.3: Koordinatensystem der schwingungsbelasteten Hand

Treten an einem Gerät in mehr als einer der, sich aufgrund des gewählten Koordinatensystems ergebenden Richtungen ähnlich hohe Schwingbeschleunigungswerte auf, so kann als nicht richtungsbezogenes Maß für die Beurteilung der insgesamt vorhandenen Schwingungsbelastung der bereits erwähnte WAS-Wert herangezogen werden. Er errechnet sich nach **(4.4)** als Vektorsumme a_{vhw} der einzelnen, gewichteten Schwingbeschleunigungen a_{ihw} und wird wie diese zur vergleichenden Beurteilung verschiedener Geräte bzw. Maschinen verwendet.

$$\mathbf{WAS} = \mathbf{a}_{vhw} = \sqrt{\mathbf{a}_{xhw}^{2} + \mathbf{a}_{yhw}^{2} + \mathbf{a}_{zhw}^{2}} \tag{4.4}$$

4.2.2 Normen zur Erfassung der Schwingungsbelastung an benzinmotorgetriebenen Trennschleifern

Zur Erfassung der Schwingungsbelastung beim Arbeiten mit MTS wurde der bereits erwähnte Entwurf einer entsprechenden CEN-Norm für MTS /132/ herangezogen. Dieser lehnt sich bzgl. der Messung der an den Handgriffen auftretenden Schwingbeschleunigungen eng an ISO 5349 /135/ an und beschreibt die Anbringung und Ausrichtung der Schwingungsaufnehmer sowie die für die Beurteilung der Schwingungsbelastung zu betrachtenden Größen. Laut diesem Entwurf sind an beiden Handgriffen von MTS in jeweils drei Koordinatenrichtungen die Schwingbeschleunigungen unter zwei Versuchsbedingungen zu erfassen und in Form von WAS-Werten für jeden Handgriff anzugeben.

Die beiden zu berücksichtigenden Versuchsbedingungen sehen vor, daß der MTS von einer aufrecht stehenden Versuchsperson in der Hand gehalten wird und mit Leerlaufdrehzahl bzw. mit maximaler Motordrehzahl betrieben wird. In beiden Fällen soll ein Eingriff der Trennscheibe in einem Werkstück nicht stattfinden. Es dürfen nur handelsübliche, für den Einsatz mit dem jeweiligen MTS zugelassene Trennscheiben verwendet werden.

4.2.3 Meßtechnik und Auswerteverfahren

Folgende meßtechnische Ausrüstung wurde zur Erfassung und Auswertung der Schwingungsbelastung verwendet:

- je ein Triaxial-Schwingbeschleunigungsaufnehmer (Typ Endevco 229 C) für Vordergriff und Gasgriff,
- 6 Ladungsverstärker (Typ Bruel & Kjaer 2635) zur Umwandlung der Meßsignale in spannungsproportionale Signale,
- ein 8-kanaliger PCM-Recorder (Typ Heim VPR 8-12) zur Zwischenspeicherung der 6 Schwingbeschleunigungssignale,
- ein digitales Struktur- und Signalanalysesystem (Typ Genrad CAT 2515) zur Auswertung der spannungsproportionalen Schwingbeschleunigungssignale,
- ein Tintenstrahldrucker (Typ HP Quiet Jet) zur graphischen Dokumentation,
- ein induktiv arbeitendes Drehzahlmeßgerät (Typ Ono Sokki CT-650B) zur Überwachung der Motordrehzahl und
- ein Kalibrator (Typ Bruel & Kjaer 4291) zur Kalibrierung der Meßkette.

Zur Untersuchung des Einflußes der beim Trennvorgang aufretenden Andruckkräfte, wurden in einem speziellen Versuchsaufbau, abweichend von den in Kapitel 4.2.2 genannten Meßbedingungen, auch Andruckkraft-Zeitverläufe ermittelt. Die Ergebnisse dieser Untersuchung sind in Kapitel 4.3.5 beschrieben. Hierzu wurden zusätzlich zur o.g. Meßtechnik noch

- eine Kraftmeßplattform (Typ Kistler 9281 B) sowie
- ein Kraftmeßverstärker (Typ Kistler 5007 Y15)

eingesetzt. Eine schematische Darstellung der insgesamt verwendeten Meß- und Auswertetechnik ist aus **Bild 4.4** ersichtlich (vgl. **Bild 4.15** und **Bild A1** im Anhang).

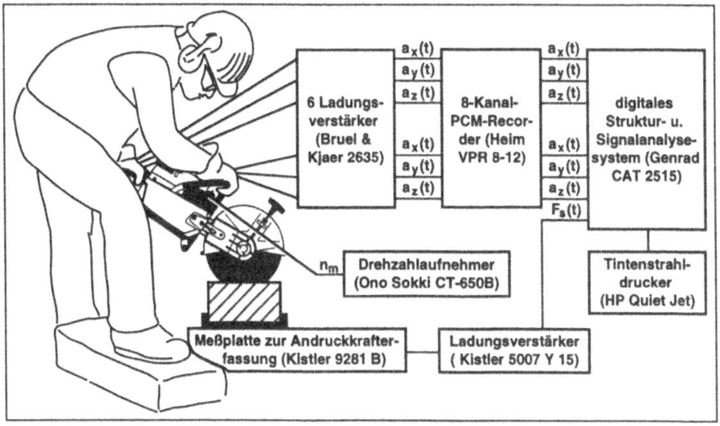

Bild 4.4: Schematische Darstellung der Meßkette zur Erfassung der Hand-Arm-Schwingungsbelastung und der Andruckkraft

Die zur Erfassung der Schwingungsbelastung verwendeten triaxialen Beschleunigungsaufnehmer arbeiten nach dem piezoelektrischen Prinzip, d.h. sie sind aktive Meßwertumformer und benötigen zur Umwandlung der einwirkenden Schwingbeschleunigung in ein elektrisches Signal keine externe Energieversorgung. Ihre Befestigung an den beiden Handgriffen des MTS ist in **Bild 4.5** dargestellt. Nach Umwandlung der Ladungssignale in beschleunigungsproportionale Spannungssignale erfolgte eine kanalweise Zwischenspeicherung der zeitlichen Signalverläufe mit Hilfe des PCM-Recorders.

Die Auswertung der Meßergebnisse erfolgt mit Hilfe des o.g. digitalen Struktur- und Signalanalysesystems. Dieser programmierbare Analysator verfügt über 16 analoge Eingänge, ein 20 MB-Festplattenlaufwerk und einen speziellen Netzwerkanschluß (Typ Ethernet), mit dem sich die erfaßten Daten zur weiteren Verarbeitung an einen Großrechner überspielen lassen. Der verwendete Analysator bietet im Gegensatz zu Auswertegeräten mit fest vorgegebenen Auswertefunktionen die Möglichkeit, durch Erstellung anwendungsspezifischer Software, die durchzuführende Signalauswertung individuell den jeweiligen Erfordernissen anzupassen.

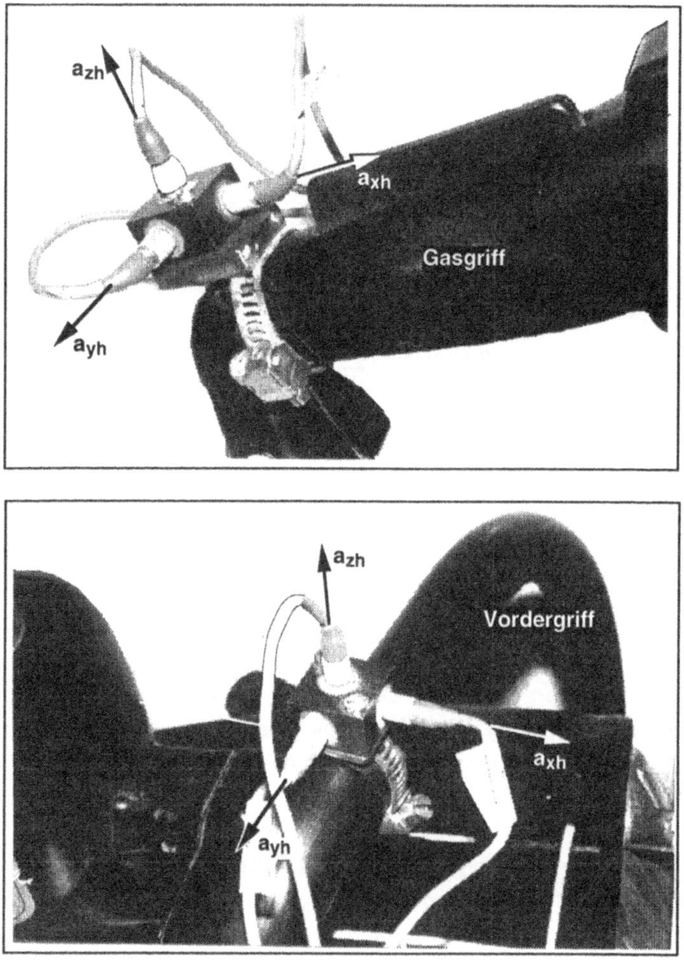

Bild 4.5: Befestigung und Ausrichtung der Schwingungsaufnehmer an den Handgriffen des MTS

Für die in dieser Arbeit durchzuführenden Schwingungsanalysen wurde ein spezielles, modular aufgebautes Auswerteprogramm erstellt, welches parallel für die an beiden Handgriffen erfaßten ungewichteten Schwingbeschleunigungssignale a_{ih} (t) die im folgenden genannten Ergebnisse berechnet:

- ungewichtete energieäquivalente Schwingbeschleunigungen a_{ih},
- gewichtete energieäquivalente Schwingbeschleunigungen a_{ihw} (Effektivwerte), sowie die zugehörigen WAS-Werte,
- ungewichtete Schmalbandfrequenzspektren,
- ungewichtete und gewichtete Terzbandfrequenzspektren.

Die Auswertung erfolgt dabei so, daß pro Kanal und Versuchsdurchgang 5 zeitliche Schwingbeschleunigungsverläufe à 2 Sekunden eingelesen werden. Aus diesen 5 Einzelverläufen werden mit Hilfe einer Fouriertransformation schmalbandige Frequenzspektren (Auflösung 1 Hz) erzeugt. Anschließend berechnet das Programm für jede Spektrallinie einen Mittelwert aus den Spektrallinien der 5 einzelnen Frequenzspektren. Die gemittelten Werte der Spektrallinien werden zu Terzbändern zusammengefaßt. Die Frequenzbewertung erfolgt durch eine Multiplikation der Terzband-Effektivwerte a_{iTk} mit den in **Bild 4.2** dargestellten Gewichtungsfaktoren g_k und die abschließende Berechnung der gewichteten Schwingbeschleunigung aus den gewichteten Terzband-Einzelwerten nach ISO 5349 /135/ bzw. ISO R 266 /134/. **Bild 4.6** zeigt schematisch die Vorgehensweise bei der Auswertung der gemessenen Beschleunigungsverläufe.

Berechnung der gemittelten Schmalbandfrequenzspektren aus jeweils 5 Einzelmessungen pro Kanal mit 2 s Dauer mittels integrierter, numerischer Fourier-Transformation :

$$\bar{S}_i = \frac{1}{10}\sum_{p=1}^{10} S_{ip} \qquad S_{ip} = \sum_{f=4}^{1410} a_{iS}(f)$$

↓

Berechnung der energieäquivalenten gewichteten Schwingbeschleunigungswerte (Effektivwerte) der einzelnen Terzbänder nach ISO 5349 bzw. ISO R266 für jeden Kanal:

$$a_{iTk} = \sqrt{k_u (a_{iTk\,f_u})^2 + \sum_{n=f_u+1}^{n=f_o-1} (a_{iTk\,f_n})^2 + k_o \cdot (a_{iTk\,f_o})^2} \cdot g_k$$

↓

Berechnung der energieäquivalenten gewichteten Schwingbeschleunigungswerte (Effektivwerte) pro Kanal (Terzband-Nr. k=8 bis k=30, nach ISO 5349 bzw. ISO R266):

$$a_{ihw} = \sqrt{\sum_{k=8}^{30} (a_{iTk})^2}$$

↓

Berechnung der WAS-Werte für Vordergriff und Gasgriff:

$$WAS_v = \sqrt{a_{xhw}^2 + a_{yhw}^2 + a_{zhw}^2} \quad \text{(Vordergriff)}$$

$$WAS_h = \sqrt{a_{xhw}^2 + a_{yhw}^2 + a_{zhw}^2} \quad \text{(Gasgriff)}$$

Bild 4.6: Berechnungsverfahren für die Auswertung der Schwingbeschleunigungssignale

4.3 Experimentelle Untersuchung relevanter Einfluß-faktoren auf die Schwingungsbelastung

4.3.1 Qualitative Betrachtung der Einflußfaktoren

Die Schwingungsbelastung des HAS wird vor allem durch das Schwingungsverhalten des MTS, die Ankopplung des Geräteführers an die Mensch-Geräte-Schnittstelle sowie durch die Arbeitsaufgabe selbst bestimmt. **Bild 4.7 a** zeigt alle relevanten Faktoren, die Einfluß auf die Schwingungsbelastung nehmen, im Überblick.

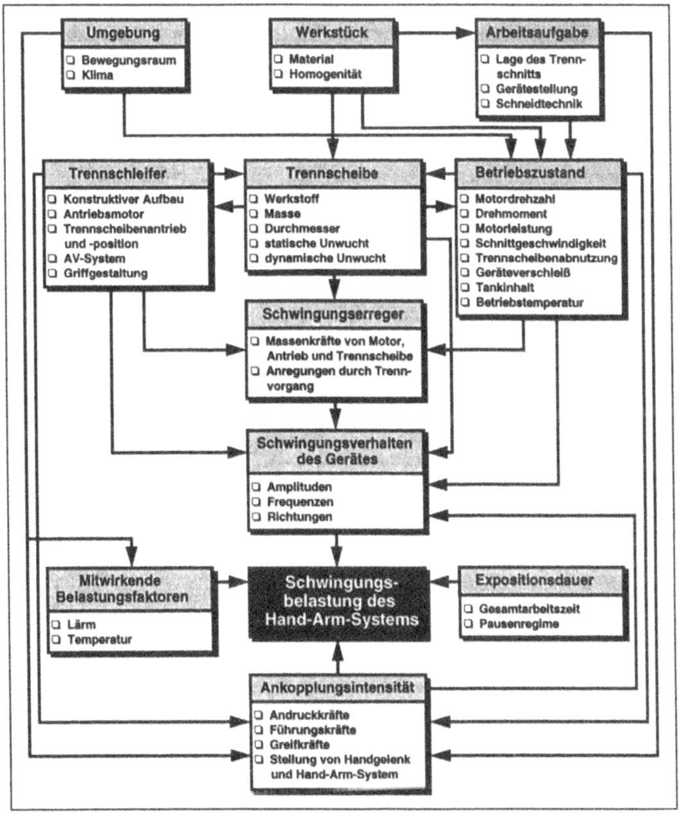

Bild 4.7 a: Einflußfaktoren der Schwingungsbelastung des Hand-Arm-Systems (nach *Kern* /66/)

Diese Arbeit beschränkt sich auf die Untersuchung der für die Schwingungsbelastung wesentlichen Einflußfaktoren. Gleichzeitig bot es sich zur Reduzierung des insgesamt entstehenden Aufwandes an, nur einen Teil der Faktoren experimentell zu untersuchen und dort, wo dies möglich ist, das Verfahren der numerischen Simulation einzusetzen. **Bild 4.7 b** zeigt, welche relevanten Faktoren insgesamt betrachtet wurden und welche davon experimentell bzw. mit Hilfe der numerischen Simulation untersucht wurden.

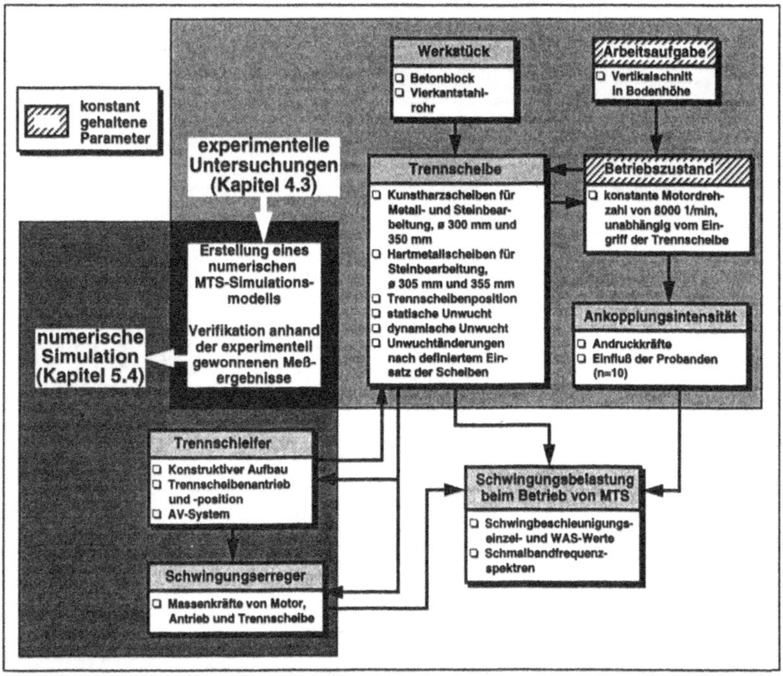

Bild 4.7 b: Im Rahmen der Arbeit untersuchte Einflußfaktoren

Wie in **Bild 4.7 b** dargestellt, beschränkt sich der experimentelle Teil der Untersuchungen auf den Einfluß der Trennscheibe, des Werkstücks, der beim Trennen auftretenden Andruckkräfte und die sich durch unterschiedliche Ankopplungsintensität der Probanden ergebenden Einflüsse. Die Art der Arbeitsaufgabe wurde bei diesen Versuchen konstant gehalten. Die Auswirkungen spezieller, gerätespezifischer Faktoren, wie z.B. Abstimmung des AV-Systems, Massenverteilung, Steifigkeit von Bauteilen lassen sich auf experimentelle Weise nur mit hohem Versuchsaufwand bestimmen. Die Untersuchung dieser Faktoren erfolgte daher mit Hilfe der numerischen Simulation und ist in Kapitel 5.4 beschrieben.

Der Einfluß des Motors auf die Schwingungsbelastung wurde nicht untersucht, da dieser bzw. die von ihm emittierten Schwingungen systemimmanent sind. Eine primärseitige Reduzierung der vom Antriebsmotor verursachten Schwingungen, beispielsweise durch Variation des Ausgleichsgrads (vgl. Kap. 5.3.2), Einbau von Ausgleichsgetrieben, Verwendung mehrzylindriger Motoren, Wahl eines anderen Verbrennungsprinzips, ist neben dem hohen konstruktiven Aufwand mit einer Gewichtszunahme verbunden. Derartige Maßnahmen führen unter Betrachtung sowohl der Herstellkosten als auch der Handhabungseigenschaften zu Nachteilen und wurden aus diesem Grund im Rahmen dieser Arbeit nicht weiter verfolgt.

Zur Klärung, ob je nach Art und Durchführung der Arbeitsaufgabe Schwankungen der Motordrehzahl auftreten, wurden entsprechende Vorversuche durchgeführt. Es zeigte sich, daß bei der Durchführung von unterschiedlichen Trennschnitten an verschiedenen Materialien bei maximal betätigtem Gashebel Drehzahlen im Bereich zwischen 7.500 1/min und 8.500 1/min auftreten. Daher wurde zur Schaffung reproduzierbarer Bedingungen für alle in den folgenden Kapiteln dargestellten Versuche und Simulationen die Motordrehzahl konstant auf 8.000 1/min gehalten. Um den Einfluß der mit unterschiedlichen Trennscheibendurchmessern verbundenen Unwuchten zu berücksichtigen, wurden sämtliche experimentellen Versuchsreihen mit einem Gerät des Typs A und einem Gerät des Typs B (vgl. **Tabelle 3.2**) durchgeführt. Beide Geräte befanden sich in fabrikneuem Zustand und wurden freundlicherweise von der Dolmar GmbH, Hamburg, zur Verfügung gestellt. Als Probanden kamen 8 Personen mit langjähriger Erfahrung im Umgang mit MTS zum Einsatz.

4.3.2 Ergebnisse der Frequenzanalyse

Die Durchführung von Frequenzanalysen der beim Betrieb von MTS auftretenden Schwingbeschleunigungen ist von grundlegender Bedeutung für die Beurteilung der Relevanz einzelner Einflußgrößen auf die Schwingungsbelastung. In **Bild 4.8** (Teil a und b) sind daher exemplarisch für das Gerät A die Schmalbandfrequenzspektren der ungewichteten Schwingbeschleunigungen für den Anwendungsfall 'Trennen von Stahlbeton mit einer Kunstharzscheibe bei maximaler Lastdrehzahl' dargestellt.

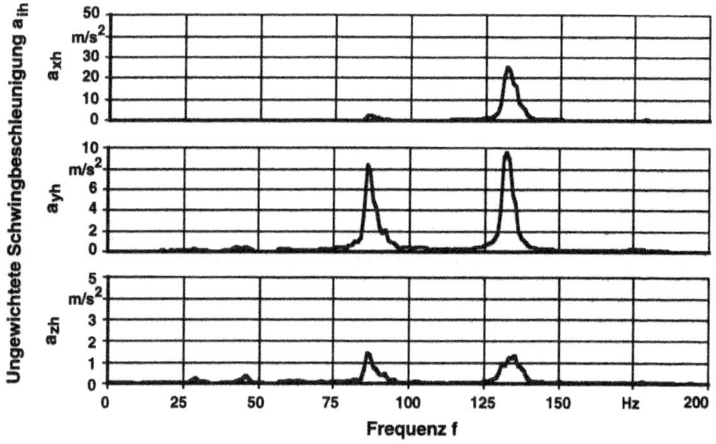

Bild 4.8a: Schmalbandfrequenzspektren der ungewichteten Schwingbeschleunigungen am Vordergriff

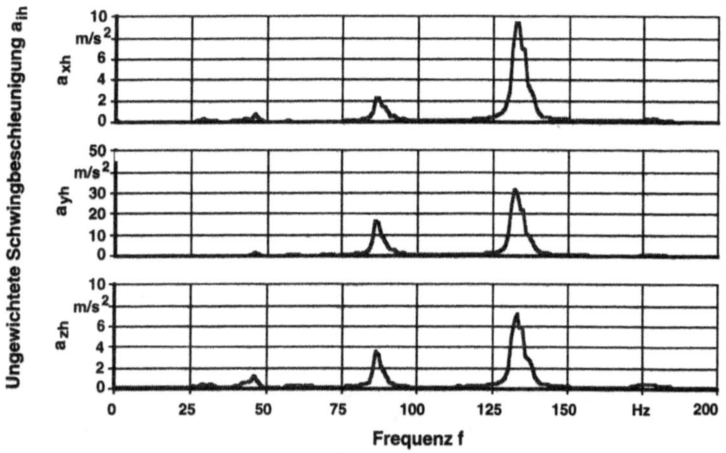

Bild 4.8b: Schmalbandfrequenzspektren der ungewichteten Schwingbeschleunigungen am Gasgriff

Deutlich zu erkennen sind auf allen 6 Kanälen die vom Motor (f_M = 133,8 Hz) und der Trennscheibe (f_S = 84,5 Hz) verursachten Schwingungen; das Übersetzungsverhältnis zwischen Kurbelwelle und Trennscheibenachse beträgt für Gerät A 1,584 : 1. Dabei sind die ungewichteten Vibrationsanteile der Trennscheibe annähernd so hoch wie die des Motors. Den von der Trennscheibe verursachten Vibrationen kommt also eine besondere Bedeutung zu, da diese bei der Berechnung der gewichteten Schwingbeschleunigungen a_{ihw} eine stärkere Gewichtung erfahren als die Vibrationen des Motors. Dieser Sachverhalt wird deutlich, wenn man ungewichtete und gewichtete Terzbandspektren miteinander vergleicht. In **Bild 4.9** ist dies exemplarisch für die in **Bild 4.8** dargestellten Versuchsbedingungen mit dem Schwingbeschleunigungssignal in y-Richtung am Gasgriff durchgeführt worden.

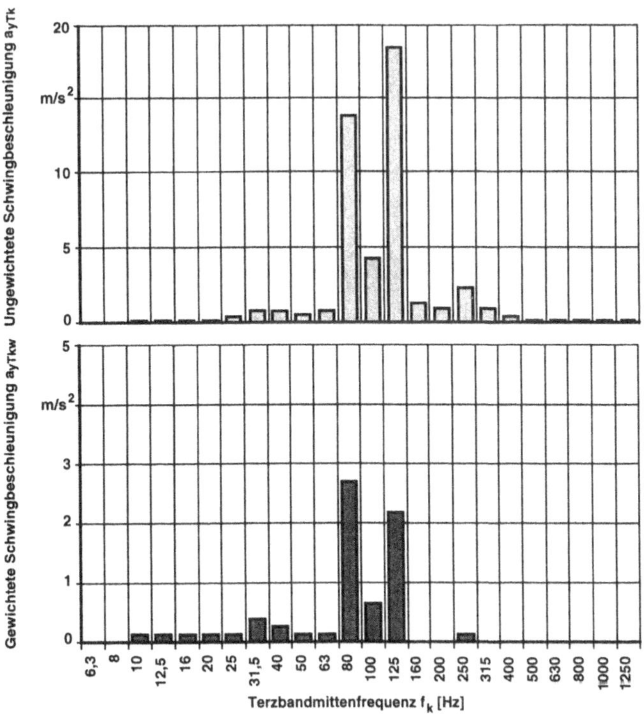

Bild 4.9: Vergleich der gewichteten und ungewichteten Terzbandeffektivwerte der am Gasgriff in y-Richtung auftretenden Schwingbeschleunigung

4.3.3 Trennscheibenunwucht

Bei jedem rotierenden Körper, so auch bei Schleif- und Trennscheiben, treten bei Rotation aufgrund ungleichmäßiger Masseverteilungen Unwuchten auf, die sich u.a. auch auf das Schwingungsverhalten des mit dem unwuchtbehafteten Schleifkörper betriebenen Geräts auswirken. Eine grundlegende Arbeit hierzu, die sich allerdings auf stationär betriebene Schleifmaschinen bezieht, wurde von *Münnich* /83/ vorgestellt.

Bei Trenn- bzw. Schleifscheiben wird bzgl. vorhandenen Unwuchten allgemein zwischen Schwerpunktsfehlern und Achsenfehlern (vgl. **Bild 4.10**) unterschieden. Als statische Unwucht wird dabei eine Verlagerung des Schwerpunkts, wie links in **Bild 4.10** dargestellt, bezeichnet.

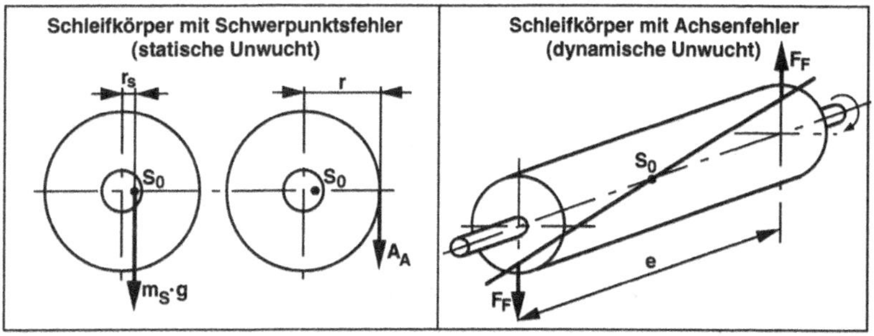

Bild 4.10: Prinzipielle Darstellung von Schleifkörpern mit Schwerpunkts- und Achsenfehler nach *Münnich* /83/

Die Größe der auf den Radius der Trennscheibe bezogenen statischen Unwucht U_{stat} wird allgemein üblich durch eine virtuelle Ausgleichsmasse A_A beschrieben, welche, am Umfang der Scheibe angebracht, die durch die Schwerpunktsverlagerung verursachte Unwucht kompensiert /83/. Die aufgrund einer statischen Unwucht U_{stat} am Umfang des Schleifkörpers in radialer Richtung auftretende Unwuchtkraft F_U berechnet sich nach **(4.5)**.

$$F_U = U_{stat} \cdot r \cdot \omega_s^2 \tag{4.5}$$

Als dynamische Unwucht U_{dyn} wird der rechts in **Bild 4.10** dargestellte Achsenfehler bezeichnet. Dieser Achsenfehler, gekennzeichnet durch eine außermittige Verlagerung des Schwerpunkts auf der Rotationsachse, führt bei Scheibenrotation zu einem dynamischen Moment, welches sich als Produkt zweier Fliehkräfte F_F in zwei, im Abstand e (Scheibendicke) voneinander entfernt liegenden Ebenen darstellen läßt /146/. Das aufgrund eines Achsenfehlers wirkende dynamische Unwuchtmoment M_U wird nach **(4.6)** berechnet und ist drehzahlabhängig.

$$\mathbf{M_U = m_S \cdot r_S \cdot e \cdot \omega_S^2} \qquad \textbf{(4.6)}$$

Zumeist überlagern sich statische und dynamische Unwuchteinflüsse und führen dazu, daß die durch den Schwerpunkt verlaufende Trägheitsachse des Schleifkörpers nicht mehr mit der Drehachse übereinstimmt. *Münnich* /83/ legt dar, daß es, wie im vorliegenden Fall, bei dünnen Schleifkörpern genügt, allein die statische Unwucht zu betrachten. Die dynamische Unwucht spielt gemeinhin erst bei breiten Schleifkörpern, deren Breite größer als $^1/_6$ des Außendurchmessers ist, eine Rolle.

Für MTS liegen jedoch bis heute, auch seitens der Hersteller, keine gesicherten Erkenntnisse über Größe und Einfluß der Scheibenunwucht auf das Schwingungsverhalten des Gesamtgerätes vor. Zwar werden in /126/ und /136/ maximal zulässige Unwuchten und Betriebsdrehzahlen für verschiedene Typen von Schleifkörpern festgelegt; inwieweit aber die Grenzwerte für maximal zulässige Unwuchten von Seiten der Schleifscheibenhersteller eingehalten werden, ist nicht bekannt. Auch liegen keine Aussagen vor, inwieweit eine Änderung der Unwucht während der Standzeit der Trennscheibe erfolgt.

Daher wurden in einer Versuchsreihe mit insgesamt 32 Trennscheiben die Unwuchten verschiedener Kunstharz- und Hartmetallscheiben sowohl im Anlieferungszustand als auch nach der Durchführung von definierten Trennschnitten ermittelt. Zur Durchführung von definierten Trennschnitten wurden zwei Arbeitsaufgaben gewählt:

- ❑ Durchführung eines 30 mm tiefen und 250 mm langen Trennschnitts in einem aus Beton gefertigten Bordstein /116/,
- ❑ Durchführung eines vollständigen Trennschnitts an einem quadratischen Vierkant-Stahlrohr /125/ (Kantenlänge 80 mm, Wandstärke 6 mm, Werkstoff St 37 /118/).

Gleichzeitig wurden die an den Handgriffen auftretenden Schwingbeschleunigungen bei einer Motordrehzahl von n_M = 8.000 1/min (Trennscheiben jeweils in der inneren Position und nicht im Eingriff) vor und nach Durchführung der Arbeitsaufgabe gemäß /132/ bestimmt.

Es wurden 6 verschiedene Klassen von Trennscheiben betrachtet:

- Klasse I: 4 Hartmetalltrennscheiben für Steinbearbeitung, Ø 305 mm, Masse ca. 1200 g, Scheibendicke 2,2 mm, (Scheiben I/1 bis I/4),
- Klasse II: 6 Kunstharztrennscheiben für Steinbearbeitung, Ø 300 mm, Masse ca. 480 g, Scheibendicke 3,8 mm, (Scheiben II/1 bis II/6),
- Klasse III: 6 Kunstharztrennscheiben für Metallbearbeitung, Ø 300 mm, Masse ca. 560 g, Scheibendicke 4,2 mm, (Scheiben III/1 bis III/6),
- Klasse IV: 4 Hartmetalltrennscheiben für Steinbearbeitung, Ø 355 mm, Masse ca. 1900 g, Scheibendicke 2,4 mm, (Scheiben IV/1 bis IV/4),
- Klasse V: 6 Kunstharztrennscheiben für Steinbearbeitung, Ø 350 mm, Masse ca. 860 g, Scheibendicke 3,8 mm, (Scheiben V/1 bis V/6),
- Klasse VI: 6 Kunstharztrennscheiben für Metallbearbeitung, Ø 350 mm, Masse ca. 950 g, Scheibendicke 4,2 mm, (Scheiben VI/1 bis VI/6).

Für die Untersuchung des Einflusses auf die Schwingungsbelastung der Trennscheiben der Klassen I bis III wurde Gerät A verwendet, für die Trennscheiben der Klassen IV bis VI Gerät B (vgl. **Tabelle 3.2**). Die Ermittlung der statischen und dynamischen Unwuchten erfolgte mit Hilfe einer speziellen Auswuchtmaschine (Typ Schenk H3 BU). Das Arbeitsprinzip dieser Maschine ist in /93/ beschrieben; weitere grundlegende Angaben zu den angewandten Meßverfahren werden von *Federn* in /38, 39/ gemacht. Eine Zusammenstellung der ermittelten statischen und dynamischen Unwuchten der untersuchten Trennscheiben ist im Anhang (**Tabelle A3** und **A4**) enthalten.

In **Bild 4.11** sind die gemessenen statischen Unwuchten der untersuchten Scheiben im Neuzustand dargestellt. Es zeigt sich, daß Hartmetallscheiben in der Regel sehr kleine Unwuchten aufweisen. Gleiches gilt für die untersuchten Kunstharzscheiben

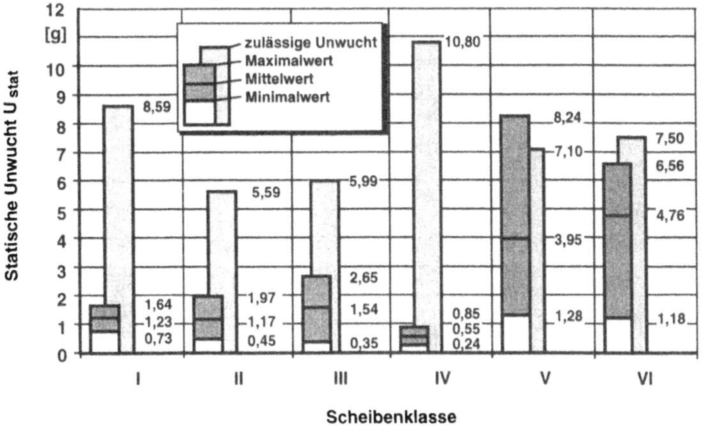

Bild 4.11: Statische Unwuchten für Trennscheiben im Neuzustand und zulässige Höchstwerte nach DIN 69106 bzw. ISO 6103

der Klassen II und III. Die Kunstharzscheiben der Klassen V und VI zeichnen sich durch hohe Unwuchten aus. In einem Fall (Scheibe V/4) wurde sogar die maximal zulässige Unwuchtgrenze nach /126/ bzw. /136/ überschritten.

Bild 4.12 (Teil a und b) stellt die an den Handgriffen gemessenen gewichteten Schwingbeschleunigungs- und WAS-Werte für beide Geräte dar. Bei den Messungen, die diesen Werten zugrundeliegen, befanden sich die Trennscheiben im Neuzustand. Es zeigt sich, daß die von der rotierenden Trennscheibe verursachten Schwingungen von signifikantem Einfluß auf die Schwingungsbelastung sind. So ergeben sich bei Betrachtung der gewichteten Schwingbeschleunigungen a_{ihw} Abweichungen bis zu 106% vom Mittelwert, bei Betrachtung der WAS-Werte Abweichungen bis zu 45%.

Die Frage, ob sich durch Abnutzung der Trennscheiben eine Änderung der statischen Scheibenunwucht und der erfaßten Schwingungsbelastung ergibt, läßt sich auf Basis der durchgeführten Versuche nicht eindeutig beantworten. Die erneute Messung der statischen Unwuchten und der im lastfreien Betrieb auftretenden Schwingungsbelastung nach Durchführung der o.g. Arbeitsaufgaben ergab die in Tabelle 4.1 dargestellten Ergebnisse (vgl. auch **Tabelle A3** und **A4** im Anhang).

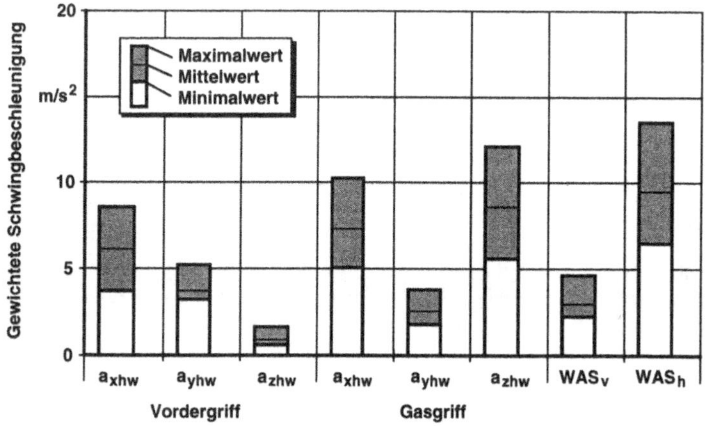

Bild 4.12 a: Vergleich der gewichteten Schwingbeschleunigungs- und WAS-Werte beim Einsatz unterschiedlicher Trennscheiben für Gerät A (Trennscheiben im Neuzustand)

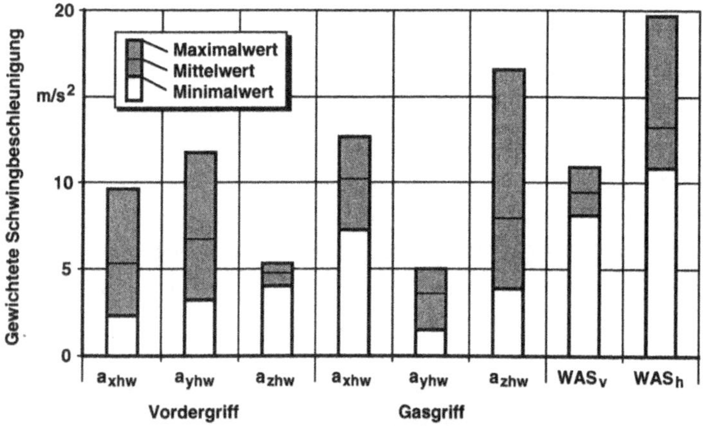

Bild 4.12 b: Vergleich der gewichteten Schwingbeschleunigungs- und WAS-Werte beim Einsatz unterschiedlicher Trennscheiben für Gerät B (Trennscheiben im Neuzustand)

Änderung der statischen Trennscheibenunwucht und der am Gerät auftretenden WAS-Werte in %						
Scheibenklasse	I	II	III	IV	V	VI
ΔU_{min}	1,8	-39,6	-24,4	-8,5	2,9	0,4
ΔU_{max}	8,8	80,7	33,7	134,5	171,8	20,7
$\Delta\overline{U}$	6,1	22,3	-1,3	45,9	70,1	11,0
$\Delta WAS_{v_{min}}$	-0,8	-1,3	-9,7	-5,6	-8,5	6,1
$\Delta WAS_{v_{max}}$	-18,3	-22,1	11,5	7,4	16,1	24,0
$\Delta\overline{WAS}_v$	-11,7	-9,5	0,1	2,2	4,0	15,9
$\Delta WAS_{h_{min}}$	-8,5	-0,7	1,0	-0,4	-0,9	0,0
$\Delta WAS_{h_{max}}$	14,5	-9,7	9,5	4,9	9,4	27,2
$\Delta\overline{WAS}_h$	4,8	-5,4	4,0	1,6	3,7	13,6

Tabelle 4.1: Änderung der statischen Unwuchten sowie der WAS-Werte bei Vergleich der Messungen mit ungebrauchten bzw. gebrauchten Trennscheiben

Wie die Werte zeigen, wurden zwar teilweise im Mittel Änderungen der statischen Unwucht bis zu 70% gemessen, die Streubereiche liegen z.T. jedoch sehr hoch. Die WAS-Werte änderten sich jedoch im Vergleich zu den Messungen mit den Trennscheiben im Neuzustand nur in Bereichen um 10%. Ausnahme bilden die Werte für Trennscheiben der Klasse VI: Hier wurden in sehr kleinen Streubereichen Änderungen der statischen Unwucht von +11% sowie Erhöhungen der beiden WAS-Werte von 15,9% bzw. 13,6% ermittelt. Insgesamt liegen die Änderungen der Ergebnisse der Schwingungsmessungen im Bereich üblicher Meßungenauigkeiten. Es bedarf weiterer, ausgedehnter Untersuchungen mit einer größeren Anzahl von Trennscheiben, um den Einfluß der Scheibenabnutzung auf die Schwingungsbelastung eindeutig abschätzen zu können.

4.3.4 Trennscheibenposition

Wie bereits in Kapitel 3.2 erwähnt, besteht bei vielen, derzeit am Markt angebotenen MTS die Möglichkeit, die Trennscheibe sowohl an der Innenseite als auch an der Außenseite des Arms zu befestigen (vgl. **Bild 3.4**). Der Einfluß dieser beiden Trennscheibenpositionen wurde ebenfalls im Rahmen der experimentellen Analyse untersucht. Dabei wurde Gerät A mit Trennscheibe III/6 und Gerät B mit Trennscheibe V/2 betrieben. Die statischen Unwuchten der ausgewählten Trennscheiben liegen jeweils in der Mitte des zulässigen Bereiches (vgl. **Bild 4.11** und **Tabelle A4**). **Bild 4.13** zeigt die Ergebnisse des entsprechenden Versuchs.

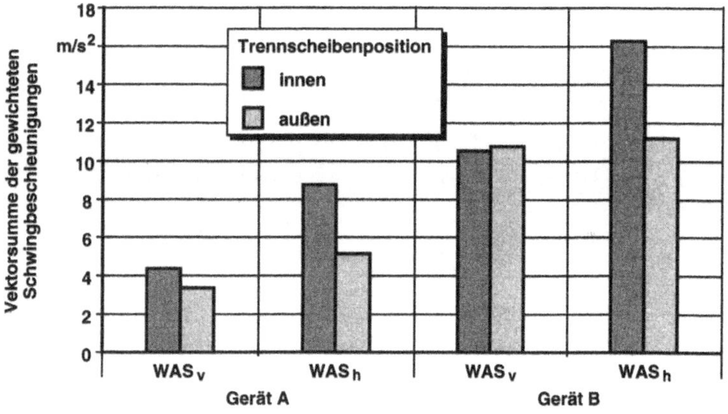

Bild 4.13: Einfluß der Scheibenposition auf die Vektorsummen der gewichteten Schwingbeschleunigungen

Bei beiden Versuchsgeräten ergibt sich eine deutliche Erhöhung der gewichteten Schwingbeschleunigungswerte a_{ihw} sowie der entsprechenden WAS-Werte am hinteren Handgriff, wenn der MTS mit der Trennscheibe in der inneren Position anstelle der äußeren Position betrieben wird. Diese Erhöhung ist auf ein durch die Trennscheibe, bzw. deren Unwuchkräfte zusätzlich zu den Schwingungen in der x-z-Ebene verursachtes, um die Gerätehochachse wirkendes Moment zurückzuführen. Weitere Untersuchungen dieses Einflusses sind in Kapitel 5.4.2 beschrieben.

4.3.5 Trennvorgang

Bei den im folgenden beschriebenen Untersuchungen galt es zu klären, inwieweit der Trennvorgang bei der Durchführung von Trennschnitten an typischen Werkstükken von Einfluß auf die Schwingungsbelastung ist. Insbesondere stand die Frage im Vordergrund, ob der Trennvorgang bei der im Kapitel 5.3 beschriebenen numerischen Simulation des Schwingungsverhaltens des MTS berücksichtigt werden muß oder vernachlässigt werden kann. Hierzu wurde während der Durchführung der in

Kapitel 4.3.2 beschriebenen Trennschnitte an für den Einsatz von MTS typischen Werkstücken (Stahlrohr bzw. Beton) die Schwingungsbelastung erfaßt und mit den Werten, welche bei fabrikneuem Zustand der Trennscheiben im lastfreien Betriebszustand ermittelt wurden, verglichen. Die Trennscheiben befanden sich jeweils in der inneren Position.

Die in **Bild 4.14** dargestellten Ergebnisse zeigen, daß bei beiden Geräten ein gewisser Einfluß des Trennvorgangs vorhanden ist. So zeigt sich bei beiden Geräten eine geringe Erhöhung der WAS-Werte im Bereich von bis zu 11,2 % beim Trennen von Stahlrohr. Beim Trennen von Beton verringern sich die Werte insgesamt gegenüber dem lastfreien Betriebszustand. Hier ergeben sich bei Gerät A Reduzierungen in Höhe von 20,7 %, bei Gerät B reduzieren sich die Werte um bis zu 12,1 %.

Die Ursache für diese Abweichungen liegen vermutlich zum einen in den probandenbedingten Abweichungen bei der Einhaltung einer geraden Schnittführung und andererseits in der unterschiedlichen Geometrie der Schnittfuge bei den beiden gewählten Werkstücken. Beim Trennen von Stahlrohren bildet sich, bedingt durch die hohe Festigkeit des Werkstücks, die Breite der Schnittfuge nur geringfügig größer als die Dicke der Trennscheibe aus. Die Folge ist, in Verbindung mit den o.g. Schwankungen bei der Einhaltung einer geraden Schnittführung, eine ständig variierende Größe der seitlichen Berührungsfläche zwischen Trennscheibe und Werkstück, welche vom Prinzip her den Beginn eines Verkantungsvorgangs darstellt. Dieser Effekt führt zu einer zusätzlichen Schwingungsanregung.

Beim Trennen von Betonvollmaterial ergibt sich, im Vergleich zum Trennvorgang an Stahlrohren, eine deutlich breitere Schnittfuge. Der o.g. Verkantungseffekt tritt offensichtlich nicht auf, statt dessen werden die durch die Unwucht der Trennscheibe hervorgerufenenen Schwingungen durch zusätzlichen Abtrag am Werkstück in der Schnittfuge gedämpft.

Die oben beschriebenen Effekte bedürfen weiterer gezielter Untersuchungen, die jedoch nicht Gegenstand dieser Arbeit sein können. Es sollte mit Hilfe der in **Bild 4.14** dargestellten Ergebnisse lediglich gekärt werden, wie groß die durch den Trennvorgang an typischen Werkstücken hervorgerufenen Streuungen der Schwingungsbelastung ausfallen.

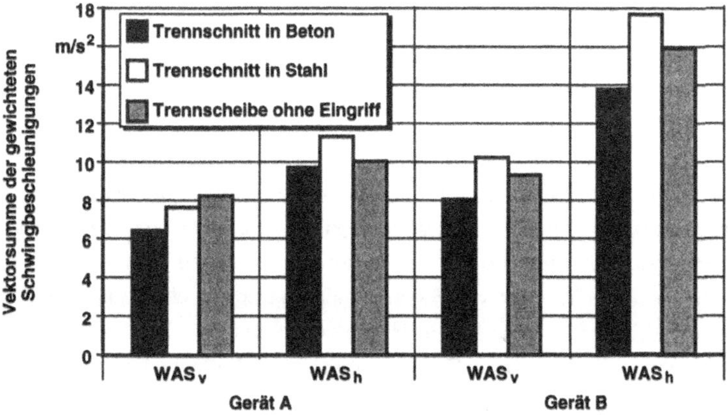

Bild 4.14: Vergleich der WAS-Werte bei der Durchführung von Trennschnitten an verschiedenen Werkstücken und bei lastfreiem Betrieb (Motordrehzahl n_M = 8.000 1/min)

In einem weiteren Versuch wurde untersucht, welche Andruckkräfte bei den in Kapitel 4.3.2 definierten Arbeitsaufgaben auftreten. Hierzu wurden die zu bearbeitenden Werkstücke, wie in Bild **4.15** dargestellt, in einer speziellen Aufspannung auf einer Kraftmeßplattform (vgl. Kapitel 4.2.3) angeordnet. Während der Durchführung der Trennschnitte wurden die in Normalrichtung senkrecht zum Werkstück vom Geräteführer aufgebrachten Andruckkräfte zeitlich erfaßt und anhand von Andruckkraft-Zeitverläufen ausgewertet.

Die Auswertungen ergaben, daß die Andruckkräfte im Vergleich zur Gewichtskraft der untersuchten MTS, wie sich bereits bei der Befragung der Geräteführer (vgl. Kapitel 3.5.4) ergab, verhältnismäßig niedrig liegen. Bei der Durchführung verschiedener Versuche mit den Geräten A und B und dem zur Verfügung stehenden Probandenkollektiv wurden Werte zwischen 35 N und 67 N gemessen. Die Andruckkraft ist von der individuellen Arbeitstechnik der Probanden, vom Gerätegewicht sowie von Durchmesser und Typ der Trennscheibe und von der Art des zu trennenden Werkstücks abhängig. Als mittlerer Wert ergab sich für Gerät A eine Andruckkraft von 44,2 N, für Gerät B lag dieser Wert bei 50,3 N. **Bild 4.16** zeigt exemplarisch für das Gerät B Andruckkraft-Zeitverläufe für unterschiedliche Versuchsbedingungen.

Bild 4.15: Versuchsanordnung zur Ermittlung der Andruckkraft

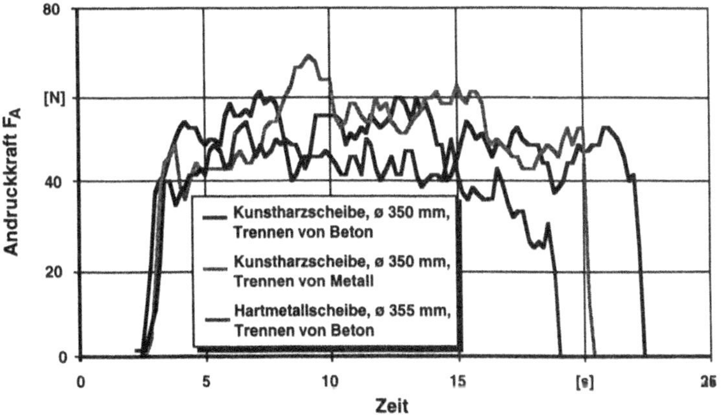

Bild 4.16: Zeitlicher Verlauf der Andruckkraft F_A für Gerät B beim Trennen unterschiedlicher Materialien (Motordrehzahl n_M = 8.000 1/min)

4.3.6 Probandeneinfluß

Zur Abschätzung des Probandeneinflusses wurde in einer weiteren Versuchsreihe untersucht, inwieweit sich die personenspezifischen WAS-Werte der einzelnen Probanden unterscheiden. Hierzu wurde das bisherige Probandenkollektiv um zwei Personen von 8 auf 10 Probanden vergrößert. Zur Beurteilung des Einflusses der Probanden auf die Messung der Schwingungsbelastung wurde der Variationskoeffizient V_i nach **(4.7)** für die interindividuellen und intraindividuellen Streuungen herangezogen.

$$V_i = \frac{s_i}{\bar{a}_{ihw}} = \frac{\sqrt{\dfrac{n \cdot \sum_{j=1}^{n} a_{ihw}^2 - (\sum_{j=1}^{n} a_{ihw})^2}{n^2}}}{\bar{a}_{ihw}} \tag{4.7}$$

Es zeigte sich, wie in **Bild 4.17** anhand der verschiedenen Variationskoeffizienten V_i für die einzelnen Schwingungsrichtungen an beiden Handgriffen dargestellt, daß sich zwischen den einzelnen Probanden deutliche Abweichungen (bis zu 20,3 %) ergeben (interindividuelle Streuungen). Diese sind u.a. von der Hand-Arm-Ankopplungsintensität /21, 65/, vom Körperbau, von der Proportionierung und der individuellen

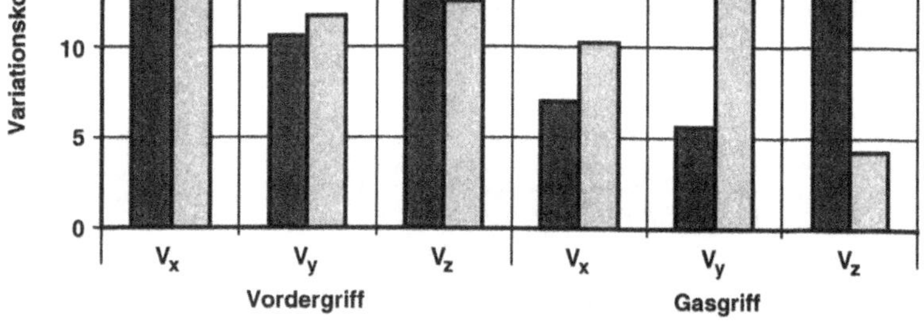

Bild 4.17: Versuchspersonen- und Meßwiederholungsstreuungen

körperlichen Trainiertheit der einzelnen Probanden abhängig. Die sich ergebenden Meßwiederholungsstreuungen (intraindividuelle Streuungen) liegen mit bis zu 19,5 % ebenfalls sehr hoch. Wie die von *Kern* /66/ durchgeführten Untersuchungen an handgeführten Motormähgeräten zeigen, ergeben sich auch bei anderen Geräten entsprechende Versuchspersonen- und Meßwiederholungsstreuungen.

Somit kommt dem Einfluß der Versuchsperson ebenfalls eine große Bedeutung im Hinblick auf die Erfassung der Schwingungsbelastung an MTS zu. Dieser Einfluß wirkt sich, wie die Ergebnisse zeigen, auf die Reproduzierbarkeit bei der Durchführung von Schwingungsmessungen aus und kann nicht vernachlässigt werden. Aus diesem Grunde wurde zur Substitution der Probanden das in Kapitel 4.4 beschriebene mechanische Hand-Arm-Ersatzsystem entwickelt.

4.4 Entwicklung eines mechanischen Hand-Arm-Ersatzsystems

4.4.1 Mechanische Hand-Arm-Ersatzsysteme - Stand der technischen Entwicklung

Die Ergebnisse der in Kapitel 4.3 durchgeführten Untersuchungen zeigen, daß im wesentlichen vier Einflußfaktoren für die Schwingungsbelastung von Bedeutung sind:

- ❑ Trennvorgang,
- ❑ statische Unwucht der eingesetzten Trennscheibe,
- ❑ Position der Trennscheibe,
- ❑ Probandeneinfluß.

Der Trennvorgang ist direkt abhängig vom Werkstoff des Bearbeitungsgegenstands. Wie in Kapitel 4.3.4 dargestellt, ergeben sich hier entweder geringe Erhöhungen (Trennen von Stahlrohr) oder leichte Reduzierungen (Trennen von Beton) der frequenzbewerteten Schwingbeschleunigungen. Im Hinblick auf eine möglichst hohe Reproduzierbarkeit bei der Durchführung von Schwingungsmessungen an MTS und auf eine realistische Betrachtung der auftretenden Schwingungsbelastung sowie unter der Maxime einer einfachen Versuchsdurchführung wird auf den Eingriff der Trennscheibe im Werkstück bei der Erfassung der Schwingungsbelastung verzichtet. Ein derartiges Vorgehen wird auch in dem für die Schwingungsmessung an MTS relevanten europäischen Normentwurf /132/ vorgeschlagen.

Die beiden weiteren o.g. Einflußfaktoren lassen sich durch geeignete Maßnahmen (z.B. Einsatz von Trennscheiben mit bekannter Unwucht, Anbau des Arms mit Trennscheibe in definierten Positionen) reproduzierbar gestalten. Die Vermeidung der durch die Probanden verursachten Streuungen läßt sich jedoch nur durch Substitution derselben erreichen. Hier bietet sich die Verwendung eines mechanischen Hand-Arm-Ersatzsystems an.

In der Literatur sind derartige Systeme bereits seit längerem bekannt. *Jahn* und *Riederer* /61/ entwickelten eine elastische Ankopplung für Bohrhämmer, *Eckert* und *Muntzinger* /35/ stellten ein mechanisches Hand-Arm-Ersatzsystem für Motormähgeräte vor, *Nilsson* und *Olsson* /85/ beschreiben die erfolgreiche mechanische Nachbildung zweier HAS für Schwingungsmessungen an Kettensägen. All diesen Systemen ist gemein, daß sie speziell für ein bestimmtes Gerät, bzw. eine bestimmte Gerätegruppe entwickelt wurden, und daß sie sich daher nicht direkt für den Einsatz mit MTS eignen. Daher wurde für die weiteren Untersuchungen im Rahmen dieser Arbeit ein spezielles mechanisches Hand-Arm-Ersatzsystem für Schwingungsmessungen an MTS entwickelt. Die Umsetzung eines numerischen Hand-Arm-Ersatzmodells schied aus, da diese Modelle nicht für die Aufnahme von Gewichtskräften sondern lediglich zur Darstellung des Impedanzverhaltens ausgelegt sind /53/.

4.4.2 Konstruktive Gestaltung

Bei der Entwicklung des mechanischen Hand-Arm-Ersatzsystems waren folgende Anforderungen zu berücksichtigen:

- ❑ größtmögliche Übereinstimmung der Schwingungswerte im Vergleich zu Ergebnissen, welche mit Versuchspersonen ermittelt wurden,
- ❑ konstruktiv einfacher Aufbau,
- ❑ berührungslose Drehzahleinstellung,
- ❑ Betrieb des MTS bei verschiedenen Drehzahlen.

Durch die ausschließliche Auslegung dieses mechanischen Hand-Arm-Ersatzsystems auf den Einsatzzweck 'Schwingungsmessungen an MTS' war es möglich, einen vergleichsweise einfachen Aufbau zu wählen (vgl. **Bild 4.18**). Das System besteht aus einem Aluminium-Rechteckprofil-Rahmen, an welchem über zwei Querträger die Hand-Arm-Ersatzsysteme befestigt sind. Letztere werden mit Hilfe von jeweils drei, über Befestigungsbleche orthogonal zueinander angeordnete Feder-Dämpfer-Elemente, d.h. zylindrische Elastomer-Rundlager mit an den Stirnseiten einvulkanisierten Gewindebolzen, nachgebildet.

Bild 4.18: Mechanisches Hand-Arm-Ersatzsystem für Schwingungsmessungen an MTS

Diese Elemente tragen gemeinsam jeweils einen Adapter, an denen der MTS mit seinen beiden Griffen befestigt wird. **Bild 4.19** (Teil a und b) zeigt die Ausrichtung der Feder-Dämpfer-Elemente für beide Griffe. Am Rahmen sind darüber hinaus ein Handhebel für die Fernbedienung des Gaszugs und eine Halterung für die Abgasabsaugung angeordnet.

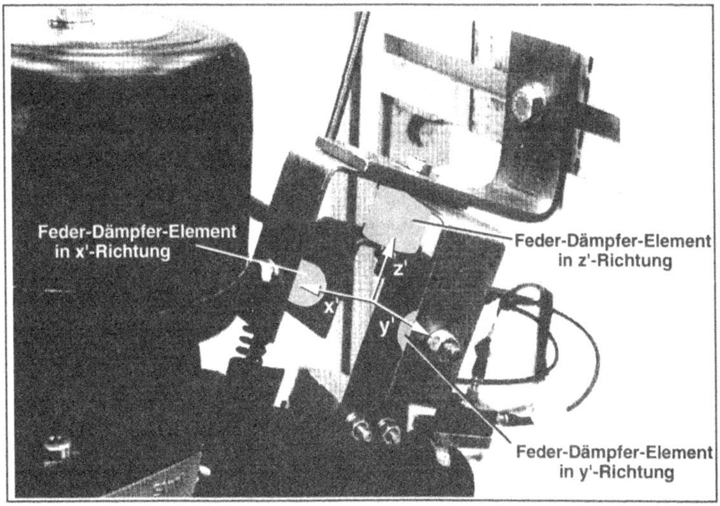

Bild 4.19 a: Ausrichtung der Feder-Dämpfer-Elemente am Gasgriff

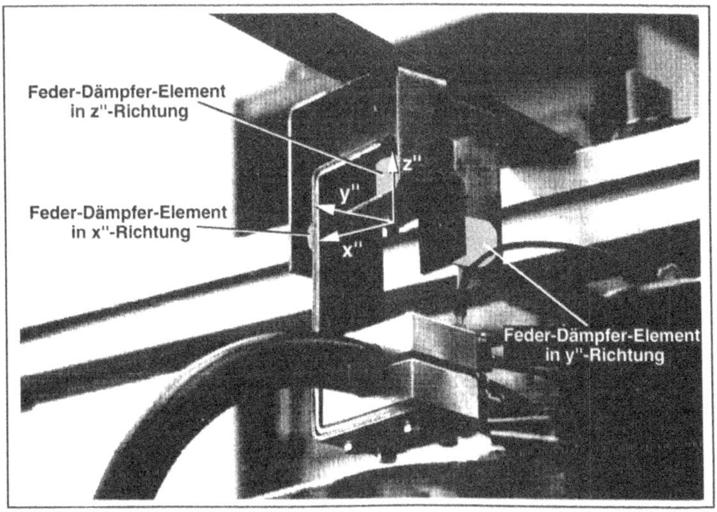

Bild 4.19 b: Ausrichtung der Feder-Dämpfer-Elemente am Vordergriff

4.4.3 Experimentelle Überprüfung des Ersatzsystems

Die Validierung des mechanischen Hand-Arm-Ersatzsystems fand auf der Basis von Vergleichsmessungen statt. Hierzu wurden die beiden Versuchsgeräte (Typ A und B) mit verschiedenen Trennscheiben bestückt und im oben beschrieben System befestigt. Anschließend erfolgte die Erfassung der gewichteten Schwingbeschleunigungswerte sowie der dazugehörigen WAS-Werte. Diese wurden mit den Ergebnissen der bereits mit Probanden durchgeführten Versuchsreihen verglichen. Allen Vergleichsmessungen lag ebenfalls eine Motordrehzahl von n_M = 8.000 1/min zugrunde.

Die Abstimmung des mechanischen Hand-Arm-Ersatzsystems wurde empirisch vorgenommen. Hierzu standen Feder-Dämpfer-Elemente mit unterschiedlichen Druck- und Schubsteifigkeiten zur Verfügung /40/. Nach Durchführung verschiedener Meßreihen zeigte sich, daß die beste Übereinstimmung der ermittelten Schwingungswerte mit folgender Kombination von statischen Druck- bzw. Schubsteifigkeiten c_D bzw. c_S (Herstellerangaben) erzielt wurde:

- ❑ c_D = 133,33 N/mm, c_S = 24,44 N/mm für alle Rundlager mit Ausnahme des in vertikaler Richtung angeordneten Elements am Vordergriff,
- ❑ c_D = 40,00 N/mm, c_S = 9,29 N/mm für das in vertikaler Richtung am Vordergriff angeordnete Element.

Seitens des Herstellers der verwendeten Feder-Dämpfer-Elemente liegen keine Werte über deren Dämpfungsfaktoren vor. Wie die späteren Untersuchungen im Rahmen der numerischen Simulation zeigen (vgl. Kapitel 5.3.4), kann hier von Werten im Bereich von 0,3 Ns/m ausgegangen werden.

In **Bild 4.20** ist exemplarisch für das Gerät A der Vergleich der gewichteten Schwingbeschleunigungs- und WAS-Werte für den Betrieb mit einer Kunstharztrennscheibe (Typ III/6) dargestellt. Es zeigt sich in allen Richtungen eine gute Übereinstimmung der Werte; weitere Meßergebnisse sind in **Tabelle A5** im Anhang enthalten. Das beschriebene mechanische Hand-Arm-Ersatzsystem macht es also möglich, mit einem relativ geringen Aufwand das Impedanzverhalten des menschlichen Hand-Arm-Systems für die ausschließliche Durchführung von Schwingungsmessungen an MTS ausreichend genau nachzubilden. Die beim Betrieb von MTS auftretende Schwingungsbelastung kann somit unter Laborbedingungen reproduzierbar erfaßt werden.

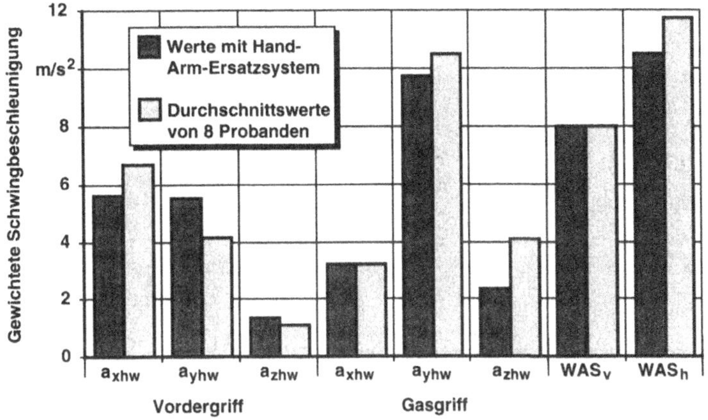

Bild 4.20: Vergleich der gewichteten Schwingbeschleunigungs- und WAS-Werte zwischen Messungen mit dem mechanischen Hand-Arm-Ersatzsystem und Durchschnittswerten aus Messungen mit 8 Probanden.

5 Entwicklung von technischen Maßnahmen zur Reduzierung der Schwingungsbelastung

In diesem Kapitel wird nach einer Klassifikation von Maßnahmen zur Reduzierung der Schwingungsbelastung die im Rahmen dieser Arbeit angewandte Vorgehensweise bei der Entwicklung von technischen Schwingungsminderungsmaßnahmen vorgestellt. Anschließend erfolgt nach Beschreibung des zur numerischen Schwingungssimulation eingesetzten Programms die Modellierung und Validierung eines MTS mit angekoppeltem Hand-Arm-System. Durch Variation konstruktiver Parameter werden einzelne Maßnahmen zur Reduzierung der Schwingungsbelastung sukzessive entwickelt und in das Gesamtkonzept eines optimierten MTS überführt. Die einzelnen Maßnahmen werden in Form eines Prototyps realisiert und die sich ergebende Schwingungsminderung experimentell überprüft. Abschließend erfolgt mit Hilfe eines weiteren Simulationsprogrammes die Entwicklung und Validierung eines optimierten Griffsystems mit dem Ziel, die durch die Gestaltung der Mensch-Geräte-Schnittstelle beeinflußbaren Auswirkungen, welche die Schwingungsbeanspruchung verstärken, zu minimieren.

5.1 Vorgehensweise

5.1.1 Klassifikation von Maßnahmen zur Reduzierung der Schwingungsbelastung

Bevor konkret auf die Vorgehensweise zur schwingungstechnischen Optimierung von MTS eingegangen wird, sollen zunächst die generell möglichen Maßnahmen zur Reduzierung der Schwingungsbelastung vorgestellt und diskutiert werden. Diese lassen sich, unabhängig vom betrachteten Gerät, grundsätzlich in drei Gruppen unterteilen:

- primäre Maßnahmen, d.h. Verminderung bzw. Vermeidung der Schwingungen an ihrem Entstehungsort,
- sekundäre Maßnahmen, d.h. Kompensation der entstehenden Schwingungsbelastung und/oder Reduzierung der Schwingungsübertragung sowie
- tertiäre Maßnahmen, d.h. persönliche Schutzmaßnahmen und arbeitsorganisatorische Schutzmaßnahmen.

Zuerst sollte versucht werden, Schwingungen bereits an ihrem Entstehungsort zu vermeiden /91/; dies kann bereits bei der Konzeption neuer Maschinen und Geräte durch Elimination bzw. Substitution bekannter Erregerquellen geschehen. In der Forschungsarbeit von *Weinert et. al.* /110/ wird dargestellt, daß sich mit Hilfe der bisherigen Kenntnisse über die Hand-Arm-Impedanz bestimmte vibrierende, handgeführte Arbeitsgeräte bereits in der Entwicklungs- und Konstruktionsphase unter Berücksichtigung des zu erwartenden Schwingungsverhaltens und seiner Zusammensetzung beurteilen lassen und so entsprechende Maßnahmen eingeleitet werden können. Teilweise scheitern jedoch die Ansätze zur Vorausberechnung des zu erwartenden Schwingungsverhaltens und zur Ableitung primärseitiger Maßnahmen an der Komplexität der gegebenen schwingungsmechanischen Zusammenhänge bzw. an dem mit der Nachbildung dieser Zusammenhänge verbundenen Aufwand.

Aus technischen und wirtschaftlichen Gründen lassen sich Primärmaßnahmen zur Schwingungsminderung nicht in allen Fällen durchführen. Dies gilt insbesondere dann, wenn bestimmte oszillierende Werkzeugbewegungen zur Erfüllung der bestimmungsgemäßen Arbeitsaufgabe eines Gerätes erforderlich sind, beispielsweise bei Vibrationsplatten oder Bohrhämmern, oder wenn die technischen Gesamtanforderungen an ein Gerät die Verwendung bestimmter schwingungsbehafteter Antriebsquellen, z.B. Einzylinder-Verbrennungsmotoren, unumgänglich machen. Eine nachträgliche Durchführung von Primärmaßnahmen gestaltet sich in der Regel problematisch und kostenintensiv und findet daher relativ selten statt.

Eine weitere Möglichkeit zur Reduzierung der Schwingungsbelastung stellen die sogenannten sekundären Maßnahmen dar. Hierunter sind Verfahren und Konstruktionsprinzipien zu verstehen, welche die primärseitig vorhanden Schwingungen kompensieren, z.B. Schwingungstilger, oder die Einleitung der vorhandenen Schwingungen in das Hand-Arm-System des Anwenders eines Gerätes dämpfen bzw. verhindern. Nach der VDI-Richtlinie 2062 /147/ wird grundsätzlich zwischen den Prinzipien der Aktiv- und der Passivisolierung unterschieden. Unter Aktivisolierung versteht man die Isolierung des Erregers, um die Schwingungsübertragung auf Umgebung, Arbeitsplatz oder Mensch zu vermindern, während bei der Passivisolierung das zu schützende Objekt, der Arbeitsplatz oder der Mensch gegen Schwingungseinwirkung aus der Umgebung abgeschirmt wird.

Sekundäre Maßnahmen wurden bereits für eine Vielzahl von Geräten erarbeitet und vorgestellt /7, 9,17, 18, 33, 43, 50, 54, 66, 68, 69, 70, 71, 73, 84, 91, 110/. All diesen

Arbeiten ist jedoch gemein, daß sie jeweils technische Lösungen für ein bestimmtes Gerät bzw. für eine bestimmte Gerätegruppe beschreiben. Dies liegt darin begründet, daß insbesondere bei Sekundärmaßnahmen eine exakte Abstimmung der gewählten Maßnahmen auf die jeweilige, durch den konstruktiven Aufbau und das Spektrum der Einsatzaufgaben bedingte, Schwingungscharakteristik erfolgen muß.

Sekundäre Maßnahmen zur Verminderung der Schwingungsbelastung umfassen in der Regel elastisch gelagerte Griffe bzw. Griffbügel sowie elastisch gelagerte Erregerquellen (Antriebseinheit und/oder Werkzeug). Bei der Realisierung derartiger elastisch gelagerter Erregerquellen bzw. Griffsysteme für handgehaltene, bzw. handgeführte Geräte stellt die Übertragbarkeit von Führungs- und Bearbeitungskräften ein generelles Problem dar. Um sowohl eine wirksame Reduzierung der Vibrationsbelastung an den Handgriffen als auch eine effektive Durchführung der Arbeitsaufgabe sicherzustellen, sind oftmals kombinierte Feder-Dämpfer-Systeme notwendig, bei denen eine Begrenzung des freien Schwingwegs durch Anschläge erzielt wird /10/.

Eine andere Möglichkeit, die an den Handgriffen auf das HAS des Anwenders übertragenen Vibrationen zu reduzieren und gleichzeitig die Übertragbarkeit von Führungs- und Bearbeitungskräften zu ermöglichen, stellt der Einsatz elastischer Griffüberzugsmaterialien dar. Bereits durchgeführte Untersuchungen auf diesem Gebiet /21, 24, 47, 103, 110, 111/ belegen die generelle Eignung bestimmter Materialien und zeigen Verfahren auf, diese Eignung anhand des Schwingungsübertragungsverhaltens zu quantifizieren. Bei allen in Frage kommenden Griffüberzugsmaterialien stellt sich eine wirksame Dämpfung erst bei höheren Frequenzen (> 200 Hz) ein; die meisten Geräte, bei denen sich der Einsatz elastischer Griffüberzüge anbietet, emittieren aber bereits bei Frequenzen weit unterhalb von 100 Hz starke Vibrationen.

Tertiäre Maßnahmen zur Schwingungsreduzierung, also persönliche und organisatorische Schutzmaßnahmen, sollten nur dann ergriffen werden, wenn primäre und sekundäre Maßnahmen keine ausreichende Reduzierung der Schwingungen erbracht haben. Zu den persönlichen Schutzmaßnahmen gegenüber einer Belastung durch Hand-Arm-Schwingungen zählt u.a. die Verwendung sogenannter Vibrations-Schutzhandschuhe, die üblicherweise auf der Handinnenseite mit einer Schaumstoff- oder Luftpolsterung versehen sind. Trotz einiger Erfolge /16, 25/ ist ihre Effektivität bei einer großen Zahl von Geräten und Einsatzfällen jedoch umstritten /57, 87/. Derzeit sind spezielle Prüfverfahren in der Entwicklung, nach denen sich die schwingungsmindernde Wirkung von Handschuhen unter Berücksichtigung verschiedener Frequenzbereiche reproduzierbar bestimmen läßt /123/.

Im Rahmen der organisatorischen Schutzmaßnahmen sollten Anzahl, Dauer und Verteilung der täglichen Arbeitspausen auf die Schwingungsbelastung bei der Ausführung der Arbeitsaufgabe abgestimmt werden. Dazu kann der K_H-Wert nach /145/ herangezogen werden; seine Bedeutung wurde bereits in Kapitel 4.2 erläutert. Ebenso kann durch Verteilung von schwingungsbehafteten Arbeitsaufgaben auf mehrere Personen die individuelle Schwingungsbelastung verringert werden. Weitere diesbezügliche Maßnahmen werden in der VDI-Richtlinie 3831 /149/ sowie in einem Bericht des europäischen Kommitees für Normung /113/ beschrieben.

5.1.2 Auswahl geeigneter Maßnahmen

Nach dem derzeitigen Stand der Wissenschaft liegen über MTS keine Daten vor; das schwingungstechnische Verhalten derartiger Geräte wurde bislang noch in keiner Weise eingehend untersucht. Es wurden zwar eine Reihe von technischen Maßnahmen zur Schwingungsreduzierung für die Gerätegruppe der, von der Bauart her ähnlichen, Motorkettensägen entwickelt; diese lassen sich jedoch, wie in Kapitel 4.1.2 eingehend erläutert, nicht auf MTS übertragen.

Es wurde daher zunächst geprüft, inwieweit sich primärseitige Maßnahmen zur Schwingungsminderung einsetzen lassen. Die Ergebnisse der in Kapitel 4.3 beschriebenen Untersuchungen belegen, daß im Falle von MTS der Antriebsmotor und die unwuchtbehaftete Trennscheibe als Haupterregerquellen anzusehen sind. Bzgl. der Antriebseinheit (EZM) bieten sich als Maßnahmen zur Schwingungsminderung folgende Möglichkeiten an:

- Änderung des Arbeitsprinzips des Motors (Kreiskolben- anstelle Hubkolbenmotor),
- Verwendung mehrzylindriger Motoren oder
- Wechsel des Antriebsprinzips (z.B. hydraulischer, pneumatischer oder elektrischer Antriebsmotor).

Die o.g. Maßnahmen lassen sich jedoch unter technischen, wirtschaftlichen und arbeitsaufgabenspezifischen Gesichtspunkten nicht umsetzen. Die Verwendung von

Kreiskolben- oder mehrzylindrigen Hubkolbenmotoren führt zum einen zu einer Steigerung des fertigungstechnischen Aufwandes und der damit verbundenen Kosten; im Falle der Verwendung von mehrzylindrigen Hubkolbenmotoren ist darüber hinaus mit einer deutlichen Zunahme des Gerätegewichts und somit der biomechanischen Beanspruchung des Geräteführers zu rechnen. Ein Wechsel des Antriebsprinzips scheidet ebenfalls aus, da sich mit dem Einsatz von hydraulischen, pneumatischen oder elektrischen Antrieben zusätzliche Abhängigkeiten von den dazu notwendigen Quellen der Energieerzeugung ergeben, welche die Mobilität und Unabhängigkeit des Einsatzes von MTS stark beeinflussen und dadurch deren universelle Verwendbarkeit deutlich einschränken.

Die Verwendung spezieller, ausgewuchteter Trennscheiben stellt eine weitere primärseitige Maßnahme zur Schwingungsminderung dar. Hier ergibt sich jedoch das Problem, daß die mit dem nachträglichen Auswuchten bzw. die mit einer Selektion von unwuchtarmen Trennscheiben verbundenen Aufwände zur einer deutlichen Erhöhung der Kosten für Trennscheiben führen. Aus wirtschaftlichen Gründen werden sowohl die Hersteller als auch die Anwender von Trennscheiben nicht in der Lage sein, diese Kosten zu tragen, so daß mittelfristig von der weiteren Verwendung unwuchtbehafteter Trennscheiben ausgegangen werden muß.

Im Bereich der sekundären Maßnahmen bieten sich zur Reduzierung der beim Betrieb von MTS auftretenden Schwingungsbelastung folgende Möglichkeiten:

- ❑ Verwendung von Ausgleichswellen zur Reduzierung der Motorschwingungen,
- ❑ Verwendung von Schwingungstilgern,
- ❑ elastische Lagerung der Erregerquellen,
- ❑ elastische Befestigung der Griffe.

Die Verwendung von Ausgleichswellen und/oder Schwingungstilgern führt zu einer Erhöhung des Fertigungsaufwandes und der -kosten; gleichzeitig hat deren Einsatz eine Zunahme des Gerätegewichtes zur Folge, so daß die Anwendung dieser Maßnahmen nicht sinnvoll ist. Die elastische Lagerung von Erregerquellen und/oder die elastische Befestigung der Griffe gehören zur Maßnahmenklasse der sogenannten Anti-Vibrations-Systeme. Diese lassen sich unter technischen und wirtschaftlichen Gesichtspunkten speziell für handgeführte Geräte effektiv einsetzen und standen daher im Mittelpunkt der im Kapitel 5.4 beschriebenen Entwicklung von technischen Maßnahmen zur Schwingungsreduzierung.

Zur Erreichung der Zielsetzung dieser Arbeit schied eine rein experimentelle Vorgehensweise zur Entwicklung schwingungstechnischer Maßnahmen aus, da dies zu viele Unwägbarkeiten und einen zu großen Versuchsaufwand bedeutet hätte. Vielmehr wurde gezielt die Methode der numerischen Schwingungssimulation zur Nachbildung des dynamischen Geräteverhaltens eingesetzt. Hierbei bietet sich die Möglichkeit, nach erfolgter Modellbildung eines MTS im konstruktiven Ausgangszustand, schwingungstechnisch relevante Konstruktionsparameter wie

- ❑ die konstruktive Gestaltung und Anordnung einzelner Baugruppen,
- ❑ die Massenverteilung zwischen elastisch gelagerten Komponenten,
- ❑ die Überprüfung unterschiedicher Maßnahmen zur Schwingungsreduzierung (Lagerungsvarianten, AV-Systeme)

auf effektive Weise nachzubilden, zu variieren und zu bewerten. Zur Reduzierung der Schwingungsbelastung von MTS wurde dabei, in Anlehnung an die von *Weinert et al.* /110/ vorgestellte Strategie, die in **Bild 5.1** dargestellte Vorgehensweise gewählt.

Die Bestimmung und Analyse der Einflußfaktoren auf das Schwingungsverhalten des betreffenden Geräts ist die Basis für die Modellbildung bei der numerischen Schwingungssimulation. Zur Validierung des numerischen Simulationsmodells eines MTS sollten im hier vorliegenden Fall neben den Schmalbandfrequenzspektren die an den Handgriffen auftretenden gewichteten Schwingbeschleunigungswerte dienen. Dazu war es erforderlich, neben der Modellierung des eigentlichen Motortrennschleifers auch ein entsprechendes Hand-Arm-Ersatzmodell in der Simulation nachzubilden.

Vor der Definition und Auslegung eines AV-Systems, wurde, wie in **Bild 5.1** dargestellt, zunächst untersucht, inwieweit sich durch eine Verbesserung der konstruktiven Gestaltung und Anordnung derjenigen Gerätekomponenten, welche direkt mit den Erregerquellen verbunden sind, bereits eine Reduzierung der Schwingungsbelastung ergibt. In diese Untersuchungen wurde auch die Variation des Verhältnisses zwischen den schwingenden und den dämpfenden Gerätemassen miteinbezogen. Im Anschluß daran erfolgte die Auslegung und Optimierung eines AV-Systems.

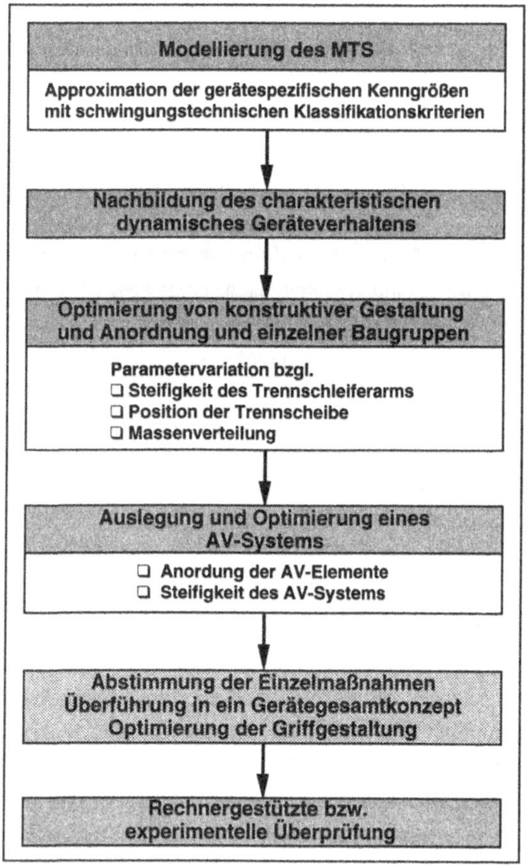

Bild 5.1: Vorgehensweise zur Entwicklung von Maßnahmen zur Reduzierung der Schwingungsbelastung

Der Entwicklung und Evaluierung einzelner Maßnahmen folgte abschließend eine Integration aller, für eine Reduzierung der Schwingungsbelastungen an den Handgriffen eines MTS relevanter Maßnahmen. Diese wurden zusätzlich zum numerischen Simulationsmodell auch, soweit dies versuchstechnisch möglich war, anhand eines MTS-Prototyps experimentell überprüft.

5.2 Beschreibung der eingesetzten Simulationstechnik

Verfahren zur numerischen Simulation von Mehrkörper-Systemen haben in den letzten zwei Dekaden zunehmend an Bedeutung gewonnen. Heutzutage sind viele ingenieurtechnische und wissenschaftliche Fragestellungen ohne den Einsatz der numerischen Simulation mit vertretbarem Aufwand nicht mehr lösbar. Zahlreiche Rechnerprogramme sind derzeit auf dem Markt erhältlich und bieten dem Anwender eine Vielzahl von Möglichkeiten hinsichtlich der Nachbildung auch diffiziler Systeme /94/.

Das Hauptproblem der numerischen Simulation, die rechnergestützte numerische Generierung der z.T. sehr komplexen Bewegungsgleichungen für Mehrkörper-Systeme, ist, wie zahlreiche Publikationen belegen /94, 78, 79/, gelöst, so daß sich der eigentliche Aufwand bei der Anwendung numerischer Simulationsprogramme für den Anwender auf die Beschreibung und Implementierung eines mechanischen Ersatzsystems reduziert.

Die Erstellung eines Modells, auch Mehrkörper-System (MKS) genannt, ist der erste Schritt zur rechnergestützten Analyse der dynamischen Vorgänge eines mechanischen Ersatzsystems. Hierzu ist es notwendig, sowohl rein geometrische als auch mechanische Parameter des zu modellierenden Objekts in einer für die Simulation und die gewünschten Ergebnisse ausreichenden Genauigkeit abzubilden.

Unter einem MKS versteht man eine Menge endlich vieler starrer, massebehafteter Körper, auf die, an diskreten Punkten, Einzelkräfte und Einzelmomente einwirken. Die Kräfte und Momente gehen auf masselose Federn, Dämpfer und Stellmotoren sowie auf starre Gelenke und beliebig andere Lagerungen zurück. Daneben können eingeprägte Volumenkräfte und -momente auf die starren Körper wirken /95/.

Die Methode der Simulation von realen mechanischen Systemen mit Hilfe von MKS beruht darauf, daß die Eigenschaften Trägheit, Elastizität, Viskosität und Kraft, einzelnen diskreten Elementen zugeordnet sind. Die einzelnen, lokal beschriebenen Elemente sind in einen dreidimensionalen euklidischen Anschauungsraum eingebettet und untereinander sowie mit einem nicht zum System gehörenden Bezugskörper physikalisch und/oder geometrisch gekoppelt. Geometrische Kopplung bedeutet, daß geometrische Objekte (Punkt, Gerade, Ebene) der gekoppelten Elemente bzw. Körper stets zusammenfallen sollen /95/. Physikalische Kopplung bedeutet Beeinflussung des Bewegungszustandes durch eingeprägte Kräfte (z.B. Feder- oder Dämpferkräfte) und/oder Momente.

Zur Lösung der schwingungstechnischen Problematik wurde im Rahmen dieser Arbeit das Rechnerprogramm 'Alaska' /77/ eingesetzt. Dieses Programm wurde als Ergebnis langjähriger Forschungs- und Entwicklungsarbeiten /20, 80/ am Institut für Mechatronik der Technischen Universität Chemnitz entwickelt und baut auf Programmodulen auf, mit deren Hilfe die automatisierte, ableitungsfreie Generierung der Modellgleichungen mit einem rekursiv arbeitenden Algorithmus erfolgt. Als Ausgangspunkt für die Beschreibung der Dynamik der MKS findet die Lagrange'sche Mechanik Anwendung.

Das Programmsystem 'Alaska' ist in der Lage, Lagrange'sche Gleichungen zweiter Art für holonome MKS (Systeme mit geometrischen Verbindungen) in Form einer kinematischen Baumstruktur zu generieren. Diese Gleichungen ermöglichen die Erstellung der Bewegungsgleichungen von MKS mit Hilfe einer Bilanzierung der in einem MKS wirkenden potentiellen und kinetischen Energien.

Grundlage ist das Prinzip von D'Alembert, welches besagt, daß in einem System mit einer begrenzten Zahl an Massen die Summe aus Trägheitskräften und eingeprägten Kräften Null ist. *Schiehlen* /95/ gibt diesen Zusammenhang in der Lagrange'schen Fassung wie folgt an:

$$\sum_{l=1}^{p} (\mathbf{m}_l \cdot \mathbf{a}_l - \mathbf{f}_l^e)^T \cdot \delta_{r_l} = \mathbf{0} \qquad \mathbf{(5.1)}$$

Die allgemeine Form einer derartigen Lagrange'schen Gleichung zweiter Art für ein konservatives System, d.h. ohne dissipative Kräfte bzw. Energien (z.B. Reibkräfte) lautet /95/:

$$\frac{\mathbf{d}}{\mathbf{dt}} \frac{\partial \mathbf{L}}{\partial \dot{\mathbf{y}}^T} - \frac{\partial \mathbf{L}}{\partial \mathbf{y}^T} = \mathbf{0}^T \qquad \mathbf{(5.2)}$$

Hierbei stellt L die Lagrange'sche Funktion

$$L(y, \dot{y}, t) = T(y, \dot{y}, t) - U(y) \quad (5.3)$$

dar. Sie beinhaltet die in einem System wirkenden kinetischen und potentiellen Energien und beschreibt darüber hinaus die in diesem System stattfindenden Bewegungen; y bezeichnet hierbei den zur Beschreibung des holonomen Systems mit f Freiheitsgraden notwendigen f x 1-Lagevektor

$$y(t) = \begin{bmatrix} y_1 & y_2 & \dots & y_f \end{bmatrix}^T \quad (5.4)$$

Der Skalar T stellt die von den jeweiligen Lagekoordinaten und deren ersten Ableitungen abhängige kinetische Gesamtenergie des MKS dar. Der Skalar U beschreibt die potentielle Gesamtenergie des MKS.

Das Programmsystem 'Alaska' bietet dem Anwender folgende Möglichkeiten:

- automatische Generierung und Integration der Bewegungsgleichungen,
- Berechnung kinematischer und dynamischer Größen,
- Schwingungsanalyse,
- Analyse von Zeitsignalen im Zeit- und Frequenzbereich,
- Berechnung statistischer Kenngrößen,
- grafische Animation.

Für die im folgenden beschrieben Arbeiten wurden an Vordergriff und Gasgriff des MTS-Simulationsmodells Beobachter definiert, die während der Simulation Zeitverläufe der an den Handgriffen in den drei Hauptachsrichtungen auftretenden Schwingbeschleunigungen $a_{ih}(t)$ erfassen. Diese Zeitverläufe werden nach Abschluß der Simulationsläufe in entsprechenden Ergebnisdateien abgelegt. Aus diesen Zeitverläufen wurden mit Hilfe von Fourier-Transformationen (im Programmsystem 'Alaska' verfügbar) Frequenzspektren errechnet. Aus diesen Frequenzspektren wurden nach dem in Kapitel 4.2.3 beschriebenen Verfahren gewichtete Schwingbeschleunigungswerte a_{ihw} sowie die dazugehörigen WAS-Werte gebildet. Bei den in Kapitel 5.5.3 dargestellten Untersuchungen der Steifigkeit des AV-Systems wurden zusätzlich die statischen Einfederungswege an definierten Punkten des Modells betrachtet.

5.3 Systemmodellierung

5.3.1 Komponenten und Einzelelemente

Die Modellierung des MTS erfolgte anhand der vom Hersteller des Gerätes A (vgl. **Tabelle 3.2**) zur Verfügung gestellten Daten. Zur Modellierung des MTS wurden die in **Tabelle 5.1** aufgelisteten Bauteile und -gruppen herangezogen (vgl. **Bild 3.3**). Von diesen Bauteilen bzw. -gruppen wurden auf experimentelle Weise jeweils die Gesamtmasse sowie die Lage des Schwerpunkts relativ zur Körpergeometrie ermittelt. Anschließend wurden die Massenträgheitsmomente der Einzelelemente berechnet; dazu wurden vereinfachte geometrische Grundkörper zugrundegelegt.

Bei der Betrachtung der schwingenden und dämpfenden Gesamtmassen fällt das ungünstige Verhältnis von schwingender zu dämpfender Masse (vgl. **Tabelle 5.1**) von 4.45 bis 6.41 (je nach Tankfüllung und Art der verwendeten Trennscheibe) auf. Die Auswirkung dieses Massenverhältnis auf die Effizienz des serienmäßigen AV-Systems wird in Kapitel 5.4.2 näher betrachtet.

Pos.	Bauteile bzw. -gruppen	m [kg]
1	Motor mit Vergasereinheit und Auspuff	5,81
2	Luftfiltereinheit	0,71
3	Trennschleiferarm mit Riemenantrieb und Riementriebabdeckung	0,98
4	Trennscheibenachse mit Riemenscheibe und Klemmscheiben	0,75
5	Trennscheibe (je nach Typ)	0,48 - 1,90
6	Schutzhaube	1,77
7	Tankeinheit (je nach Füllstand)	1,09 - 1,89
8	Vordergriff	0,37
9	Gasgriff	0,11
10	Abstellstütze	0,29
	Gesamtmasse schwingende Einheit (Pos. 1 bis 6)	10,50 - 11,92
	Gesamtmasse dämpfende Einheit (Pos. 7 bis 10)	1,86 - 2,36

Tabelle 5.1: Für die Modellbildung des MTS (Gerät A) betrachtete Bauteile und -gruppen.

Mit Ausnahme des Arms, an welchem Trennscheibe, Schutzhaube und Getriebegehäuse mit Abdeckung befestigt sind, wurden alle anderen Bauteile als starre Körper nachgebildet. Der Trennschleiferarm weist serienmäßig, bedingt durch eine Querschnittsverengung im Bereich der Anbindung an das Motorgehäuse (vgl. **Bild 3.3 c**), eine niedrige Biegesteifigkeit auf. Auf Seiten des Herstellers ist bekannt, daß es bereits bei einer Reihe von MTS zum Bruch des Arms gekommen war. Aus diesem Grund wurde der Arm als ein Bauteil mit definierter Biegesteifigkeit um die z-Achse modelliert.

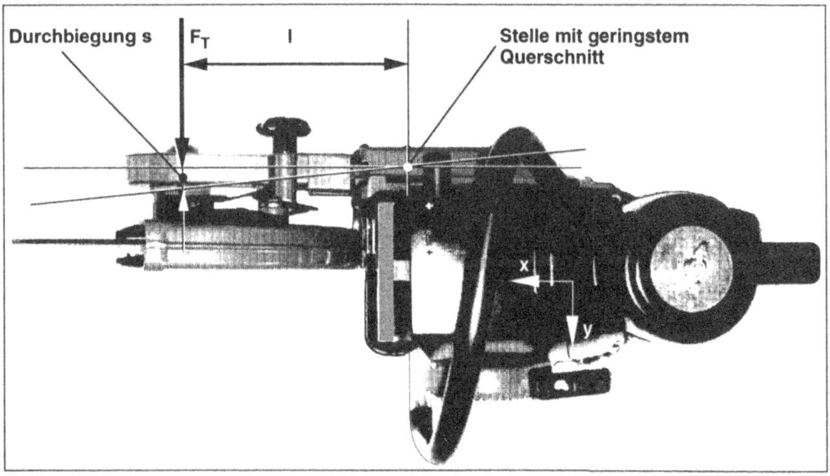

Bild 5.2: Schematische Darstellung der Durchbiegung des Trennschleiferarms

Beim Simulationsmodell wurde dies durch ein Drehgelenk dargestellt, dessen Definition an demjenigen geometrischen Ort erfolgte, der den geringsten Materialquerschnitt des Arms aufweist. Bei der Berechnung der Drehfedersteifigkeit des Gelenks wurden die Gleichungen für eine einseitig eingespannte Rechteckfeder nach /4/ angewandt (**Bild 5.2**).

$$c_{rot} = \frac{F_T \cdot l^2}{s} = \frac{b \cdot t_A^{\,3} \cdot E}{4 \cdot l} \qquad (5.5)$$

mit $\frac{F_T}{s} = \frac{b \cdot t_A^3 \cdot E}{4 \cdot l^3}$

Mit einem Elastizitätsmodul von 75.000 N/mm² des für den Arm verwendeten Werkstoffs GDAlSi8Cu3 /117/ ergibt sich eine Drehfedersteifigkeit von 2.756,7 Nm/rad. Als Wert für die Simulation wurden daraufhin 2.800 Nm/rad gewählt.

Zur Darstellung der geometrischen Daten der zu modellierenden Körper und Verbindungselemente wurde zunächst der Ursprung des lokalen Koordinatensystems des MTS festgelegt. Gewählt wurde hierbei der geometrische Schnittpunkt zwischen der Kurbelwellen- und der Zylinderlängsachse. Auf diesen Ursprung bezogen erfolgte anschließend die Dateneingabe für alle Körper und Verbindungselemente (Schwerpunktlagen, Position der Verbindungselemente, Massen bzw. -trägheitsmomente etc.). Die vollständigen Daten des Simulationsmodells sind in den **Tabellen A6** bis **A10** im Anhang aufgeführt. **Bild 5.3** (Teil a und b) zeigt das Schwingungsersatzsystem des MTS.

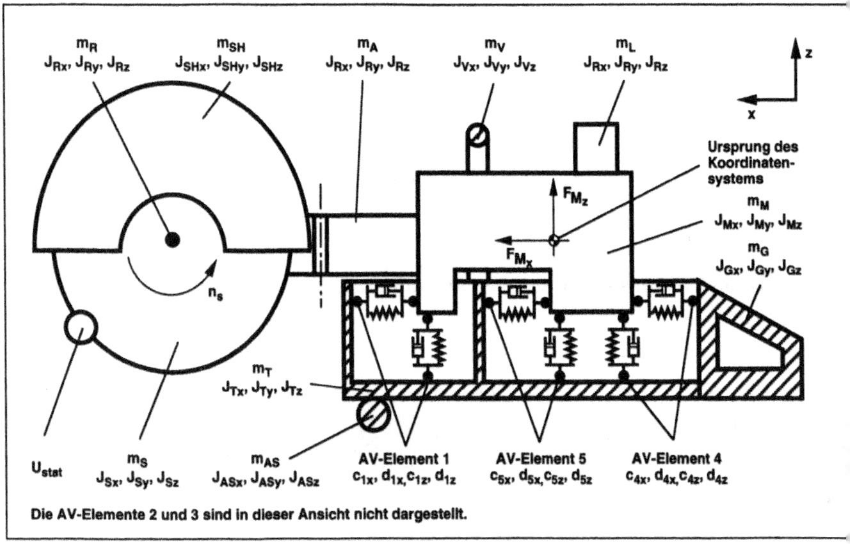

Bild 5.3 a: Schwingungsersatzsystem des MTS (Seitenansicht)

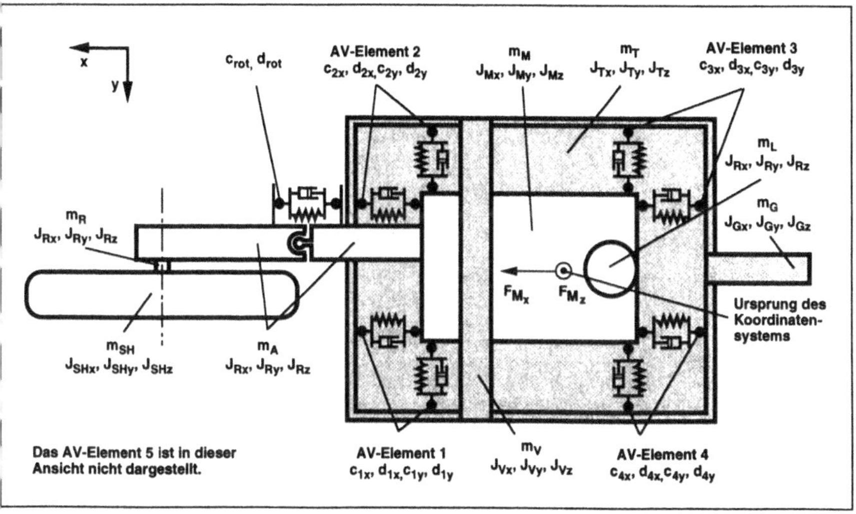

Bild 5.3 b: Schwingungsersatzsystem des MTS (Draufsicht)

5.3.2 Massenkräfte des Motors

In Hubkolbenmaschinen entsteht aus dem Verlauf der während eines Arbeitsspieles sich periodisch ändernden Gaskräfte und den sich aus der Übertragung (Kurbeltrieb) ergebenden Massenkräfte ein Drehmoment an der Abtriebswelle, das je nach Bauart und Betriebszustand des Motors eine mehr oder minder große Ungleichförmigkeit aufweist. Die Massenkräfte treten dabei als freie Kräfte auf und erzeugen, insbesondere bei Einzylinder-Motoren Schwingungen und einen 'unruhigen' Lauf.

Für die Simulation der vom Motor verursachten Schwingungen sind somit die freien Massenkräfte zu modellieren, welche ausschließlich aus oszillierenden bzw. exzentrisch rotierenden Massen oder Massenanteilen resultieren; die bei der Verbrennung auftretenden Gaskräfte sind dabei als innere Kräfte zu betrachten und haben hieran keinen Anteil /42/.

Die oszillierenden Massenkräfte erster und zweiter Ordnung wurden als umlaufender Kraftvektor, aufgeteilt in einen vertikal (F_{Mz}) und einen horizontal wirkenden Anteil

(F_{Mx}), nachgebildet (vgl. **Tabelle A10** im Anhang). Nach /1/ ergibt sich folgender Zusammenhang:

$$F_{Mz} = m_O \cdot r_{KW} \cdot \omega^2 \cdot \cos\alpha + m_O \cdot r_{KW} \cdot \omega^2 \cdot \lambda_p \cdot \cos(2\alpha) \tag{5.6}$$

$$F_{Mx} = m_O \cdot r_{KW} \cdot \omega^2 \cdot \sin\alpha + m_O \cdot r_{KW} \cdot \omega^2 \cdot \lambda_p \cdot \sin(2\alpha) \tag{5.7}$$

mit $m_O = \frac{m_P}{3} + m_K$

$\lambda_p = \frac{r_{KW}}{l_P}$

Zusätzlich wurde bei der Modellierung noch der Auswuchtgrad A der Kurbelwelle berücksichtigt. Darunter ist das Verhältnis der in vertikaler Richtung (Zylinderlängsachse) wirkenden Reduzierung der Massenkraft zum ursprünglichen Wert der Massenkraft erster Ordnung (bei Auswuchtgrad 0%) zu verstehen. Bei 0% Auswuchtung gleicht also das auf der Kurbelwelle angebrachte Gegengewicht nur die rotierenden Massen aus; in Querrichtung sind keine Massenkräfte erster Ordnung wirksam. Bei 100% Auswuchtgrad dagegen wirken in Zylinderlängsrichtung keine Massenkräfte erster Ordnung, dafür jedoch erhöhen sich die Massenkräfte erster Ordnung in Querrichtung /1/. Herstellerangaben zufolge liegt der Auswuchtgrad A des hier zu betrachtenden Einzylinder-Zweitaktmotors bei 60%. Somit ergeben sich für die beiden Anteile des Massenkraftvektors folgende Zusammenhänge:

$$F_{MzA} = \left(\frac{100\% - A}{100\%} \right) \cdot F_{Mz} \tag{5.8}$$

$$F_{MxA} = \frac{A}{100\%} \cdot F_{Mx} \tag{5.9}$$

Wie die Ergebnisse der Validierung des Simulationsmodells später zeigen, werden mit den o.g. Gleichungen die freien Massenkräfte des Motors für die in dieser Arbeit verfolgte Zielsetzung mit ausreichender Genauigkeit abgebildet.

5.3.3 Unwuchtkräfte der Trennscheibe

Wie bereits in Kapitel 4.3.3 festgestellt, ist die Unwucht der in einem MTS zum Einsatz kommenden Trennscheibe von beträchtlichem Einfluß auf die Gesamtschwingungsbelastung des Geräteführers. Abhängig von der Größe der Unwucht, deren Abstand r zur Drehachse der Trennscheibe und der Trennscheibendrehzahl n_S treten nach **(4.5)** hier Kräfte bis zu 400 N auf. Im Rahmen der Simulation wurden die real gemessenen Unwuchten U_{stat} bestimmter Trennscheiben (vgl. **Bild 4.11**) als Massen nachgebildet, die die Trennscheibenachse umlaufen.

5.3.4 Anti-Vibrations-System

Das AV-System des zu modellierenden Originalgerätes verfügt über insgesamt 5 AV-Elemente aus Elastomerwerkstoff, welche als verbindende Elemente zwischen der schwingenden (Motor, Luftfilter, Arm mit Trennscheibe, Trennscheibenachse, Schutzhaube und Riementrieb) und der dämpfenden Einheit (Vordergriff, Gasgriff, Tankeinheit und Abstellstütze) angebracht sind. Bei der Nachbildung der AV-Elemente wurde von dreidimensionalen Feder-Dämpfer-Elementen mit je 3 Freiheitsgraden und folgenden Druck- und Schubsteifigkeiten (Herstellerangaben) ausgegangen:

- Drucksteifigkeit c_{jy} = 140 N/mm,
- Schubsteifigkeit c_{jx} bzw. c_{jz} = 23 N/mm.

Torsionssteifigkeiten wurden aus Gründen der Vereinfachung nicht berücksichtigt.

Wichtige Punkte bei der Modellierung der AV-Elemente waren die Nachbildung der Dämpfungseigenschaften und des Effekts der dynamischen Verhärtung. Exakte Zahlenwerte für den Dämpfungsbeiwert konnten jedoch nicht ermittelt werden. Von Seiten der Hersteller von AV-Elementen werden die Dämpfungseigenschaften lediglich verbal umschrieben /40/. In der einschlägigen Literatur /4, 45, 63/ werden ebenfalls keine allgemeinen Werte genannt, da der Dämpfungsbeiwert k eines diskreten Gummifederelementes stets von dessen momentaner Belastung (Kraft, Frequenz) abhängt. Basierend auf durchgeführten Versuchen sind lediglich dimensionslose Werte, in Form des Verlustfaktors oder des Lehr'schen Dämpfungsmaßes ϑ, wiedergegeben. Insgesamt weisen die hier vorliegenden, aus Naturkautschuk hergestellten AV-Elemente in der Regel eher niedrige Dämpfungsbeiwerte auf /40/. Nach Durchführung erster Simulationsläufe zeigte sich, daß ein Dämpfungsbeiwert von 0,3 Ns/m für alle AV-Elemente in allen drei Achsrichtungen (d_{jx}, d_{jy}, d_{jz}) die größte Übereinstimmung der Schwingungswerte des Simulationsmodells mit den real gemessenen Werten ergab.

Als weitere typische Eigenschaft von Elastomerwerkstoffen mußte die dynamische Verhärtung ebenfalls berücksichtigt werden. Hierunter ist der Anstieg von Schub- und Elastizitätsmodul, also der Federsteifigkeit bei dynamischer Belastung, zu verstehen. Von wesentlichem Einfluß sind dabei Art des Werkstoffes (Naturkautschuk oder künstlich hergestelltes Material) und Shore-Härte /124/. Für Naturkautschukelemente mit einer Shore-Härte im Bereich von 40° bis 60° werden in der Literatur Werte von 0 bis 30 % genannt /4, 58/, von Seiten des Herstellers wird die dynamische Verhärtung für weiche Naturkautschukmischungen als vernachlässigbar klein bezeichnet /40/. Anhand von Simulationsläufen mit verschiedenen Werten zeigte sich mit einer gewählten dynamischen Verhärtung von 20% bei Druckbelastung und 0% bei Schubbelastung hinsichtlich der resultierenden Schwingungswerte die größte Übereinstimmung zwischen Simulation und Realität.

5.3.5 Hand-Arm-Ersatzmodell

Um bereits im Rahmen der numerischen Simulation des Schwingungsverhaltens eines MTS die Effektivität technischer Maßnahmen zur Schwingungsminderung zu quantifizieren, ist es unabdingbar, das gesamte System, bestehend aus MTS und den beiden angekoppelten HAS des Geräteführers, nachzubilden. Dies setzt jedoch voraus, daß bei der Erstellung des numerischen Simulationsmodells zwei Hand-Arm-Systeme modelliert werden, welche sowohl mit ausreichender Genauigkeit das Impedanz-Verhalten des menschlichen HAS nachbilden als auch dazu geeignet sind, die Gewichts- und Reaktionskräfte des für die Simulation nachgebildeten MTS aufzunehmen.

Es zeigte sich, daß bereits existierende mathematische Hand-Arm-Modelle, wie sie z.B. von *Meltzer* /81/ vorgestellt wurden, lediglich als passive Systeme zur Nachbildung der Impedanz definiert sind. In einer zusammenfassenden Übersicht, welche von *Hecker et al.* /53/ 1983 erstellt wurde, sind sowohl der Aufbau als auch die Parametrierung verschiedener mathematischer Hand-Arm-Modelle enthalten (vgl. **Bild 5.4 a**).

In der Zeit von 1983 bis 1993 wurden u.a. von *Reynolds* und *Falkenberg* /88/, *Schmid* /96/ und *Fritz* /41/ weitere Hand-Arm-Impedanzmodelle entwickelt, die z.T. auf den bereits bestehenden Modelle aufgebaut wurden. In der DIN 45677 /122/ wurde 1993 ein normungsfähiges Hand-Arm-Impedanzmodell festgelegt, welches mit dem in /133/ behandelten Modell übereinstimmt. In **Bild 5.4 b** sind die wesentlichen Parameter dieser Modelle zusammengefaßt.

Vergleicht man die in **Bild 5.4** (Teil a und b) dargestellten Modelle, so zeigt sich, daß diese Modelle z.T. sehr komplex aufgebaut sind. Es werden Strukturen von bis zu 4 gekoppelten Feder-Masse-Dämpfer-Systemen pro zu betrachtender Schwingungsrichtung vorgestellt. *Kern* /66/ weist darauf hin, daß sich aufgrund der nicht definierten Randbedingungen große Unterschiede bzgl. des Impedanzverlaufs der einzelnen Modelle ergeben. Daher stellte sich die Frage, mit welchem numerischem Simulationsaufwand die Nachbildung der beiden HAS im vorliegenden Fall erfolgen sollte.

Das in Kapitel 4.4 vorgestellte, mechanische Hand-Arm-Ersatzsystem zeigt, daß es auch mit vergleichsweise einfachen Mitteln möglich ist, die für die Durchführung von Schwingungsmessungen notwendige experimentelle Nachbildung zweier HAS für einen begrenzten Einsatzbereich (Schwingungsmessungen an MTS) darzustellen. Im Gegensatz zu den o.g. mathematischen Hand-Arm-Impedanz-Modellen, welche für sich den Anspruch universeller Anwendbarkeit erheben, sind die in der Literatur bekannten mechanischen Hand-Arm-Systeme lediglich für einen bestimmten Gerätetyp (z.B. Bohrhämmer, Kettensägen oder Motormähgeräte) beispielhaft entwickelt worden. Da sich diese Arbeit ausschließlich mit MTS beschäftigt, erschien es, auch hinsichtlich des Gesamtaufwandes sinnvoll, das bereits speziell für MTS konzipierte mechanische Hand-Arm-Ersatzsystem ebenfalls als numerisches Simulationsmodell nachzubilden.

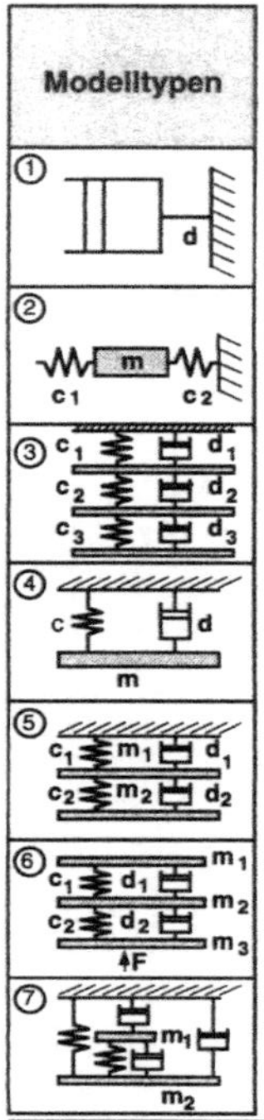

	Autor	1 Kuhn (1953)	2 Dieck-mann (1958)	3 Miwa (1964)	4 Abrams (1971)	5 Reynolds u. Soedel (1972)	6 Reynolds (1975)	7 Suggs Mishoe (1975)	8 Nilsson Olsson (1978)	8 Nilsson Olsson (1978)	9 Meltzer (1979)	9 Meltzer (1980)
	F_{Gr}	n.a.	n.a.	n.a.	17	klein	9 und 36	13, 27 und 40	20	20	n.a.	50 und 200
	F_B	100 - 300	200	35	n.a.	klein	n.a.	n.a.	n.a.	n.a.	100	50 und 200
Modell für die z-Achse	Frequenz-bereich	10 - 70	10 - 70	20 - 500	70 - 1670	20 - 100 / 100-500	5 - 1000	20 - 1100	50 - 500	50 - 500	3 - 300	3 - 500
	Modelltyp	①	② 1 FG	⑤ 2 FG	④ 1 FG	④ 1 FG / ④ 1 FG	③ 3 FG	③ 3 FG	⑦ 2 FG	⑦ 2 FG	③ 3 FG	③ 3 FG
	Masse m	—	m= 1	m_1= 0,9 m_2= 0,047	m= 0,032 bis 0,045	m= 0,10 / m= 0,01	m_1= 0,1998 m_2= 0,0600 m_3= 0,0999	m_1= 0,440 m_2= 0,022 m_3= 0,021	m_1= 0,020 m_2= 0,040	m_1= 0,020 m_2= 0,078	m_1= 1,4 m_2= 1 m_3= 0,13	m_1= 3,47 m_2= 1,84 m_3= 0,11
	Feder-steifigkeit	—	c_1=50 c_2 n.a.	n.a.	c= 14,5 bis 22,4	c= 3,66 / c= 29,7	c_1= 5032 c_2= 0,015 c_3= 483	c_1= 113,7 c_2= 112,1 c_3= 1,55	n.a.	n.a.	c_1= 4,1 c_2= 72 c_3= 210	c_1= 7,9 c_2= 23,5 c_3= 111
	Dämpfungs-faktor	200	—	n.a.	d= 114 bis 140	d= 39,6 / d= 63,1	d_1= 26,1 d_2= 8,42 d_3= 350	d_1= 139 d_2= 86 d_3= 217	n.a.	n.a.	d_1= 145 d_2= 100 d_3= 245	d_1= 289 d_2= 184 d_3= 334
Modell für die x-Achse	Frequenz-bereich	—	—	—	70 - 1670	20 - 73 / 73 - 500	5 - 1000	20 - 1100	50 - 500	50 - 500	—	—
	Modelltyp	—	—	—	④ 1 FG	④ 1 FG / ④ 1 FG	③ 3 FG	⑥ 3 FG	⑦ 2 FG	⑦ 2 FG	—	—
	Masse m	—	—	—	m= 0,036 bis 0,043	m= 0,31 / m= 0,02	m_1= 0,1998 m_2= 0,0300 m_3= 0,0999	m_1= 0,349 m_2= 0,077 m_3= 0,0036	m_1= 0,020 m_2= 0,040	m_1= 0,020 m_2= 0,078	—	—
	Feder-steifigkeit	—	—	—	c= 8,8 bis 24,2	c= 7,62 / c= 54,0	c1= 28,4 c_2= 0,030 c_3= 158	c_1= 180,7 c_2= 12,2	n.a.	n.a.	—	—
	Dämpfungs-faktor	—	—	—	d= 96 bis 123	d= 67,6 / d= 85,9	d_1= 271 d_2= 3,26 d_3= 326	d_1= 277 d_2= 734	n.a.	n.a.	—	—
Modell für die y-Achse	Frequenz-bereich	—	—	—	70 - 1670	38 - 500 / 20 - 38	5 - 1000	20 - 1100	50 - 500	50 - 500	—	—
	Modelltyp	—	—	—	④ 1 FG	④ 1 FG / ④ 1 FG	③ 3 FG	⑥ 3 FG	⑦ 2 FG	⑦ 2 FG	—	—
	Masse m	—	—	—	m= 0,014 bis 0,025	m=0,007 / m= 0,19	m_1= 0,0491 m_2= 0,0025 m_3= 0,0245	m_1= 0,966 m_2= 0,045 m_3= 0,0008	m_1= 0,020 m_2= 0,040	m_1= 0,020 m_2= 0,078	—	—
	Feder-steifigkeit	—	—	—	c= 5,6 bis 27,3	c= 2,29 / c= 0,96	c_1= 0,774 c_2= 0,0068 c_3= 24,7	c_1= 183,4 c_2= 1,84	n.a.	n.a.	—	—
	Dämpfungs-faktor	—	—	—	d= 42 bis 81	d= 35,7 / d= 65,7	d_1= 18,6 d_2= 0,26 d_3= 73,9	d_1= 70 d_2= 128	n.a.	n.a.	—	—

Legende:
Dämpfungsfaktor d [Ns/m] | Federsteifigkeit c [N/mm] | Frequenzbereich [Hz] | FG: Freiheitsgrad
Masse m [kg] | Anpreßkraft F_B [N] | Greifkraft F_{Gr} [N] | n.a.: nicht angegeben

Anmerkungen: Autor Nr. 4: m-, c- und d-Breiche aus Einzelpersonenmodellen entnommen (linke Hand)
Autor Nr. 6: angegebenes Modell gilt für F_{Gr}= 36 N
Autor Nr. 7: angegebenes Modell gilt für F_{Gr}= 40 N
Autor Nr. 9: für 3 Hz ... 500 Hz nur mittleres Modell angegeben

Bild 5.4 a: Strukturen und Daten von Modellen für das menschliche Hand-Arm-System (nach *Hecker et al.* /53/)

Modelltypen

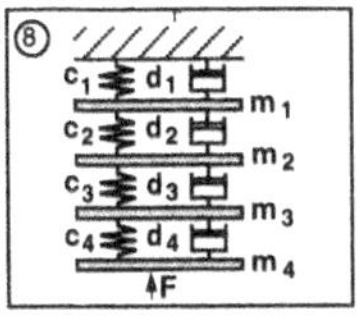

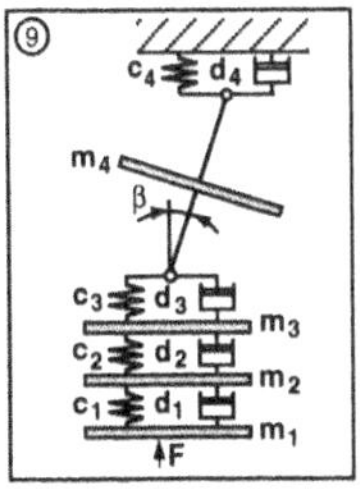

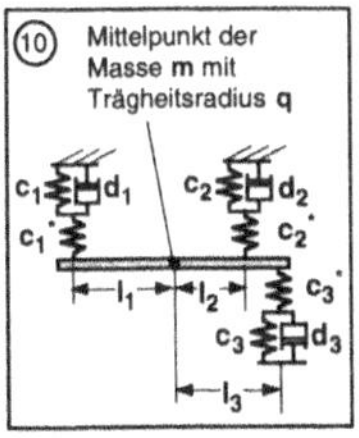

	Autor	10 Reynolds Falkenberg 1983	11 Schmid 1989	12 Fritz 1991	13 DIN 45677 1993
	F_A	25,4	10 - 90	n.a.	10 - 90
	F_{GR}	n.a.	30 - 180	n.a.	30 - 180
	Ellenbogenwinkel	-	-	$\beta = 60°$	-
Modell für die z-Achse	Frequenzbereich	20 - 1000	10 - 1000	20 - 1000	5 - 1000
	Modelltyp	⑧ 4 FG	⑩ 2 FG	⑨ 5 FG	⑩ 2 FG
	Masse	$m_1 = < 0,175$ $m_2 = 0,028$ $m_3 = 0,158$ $m_4 = 0,0018$	$m = 7,959$ mit $q = 0,031$	$m_1 = 0,045$ $m_2 = 0,405$ $m_3 = 1,150$ $m_4 = 1,960$	$m = 4,82$ mit $q = 0,0516$
	Federsteifigkeit	$c_1 = 3,5 \cdot 10^{-5}$ $c_2 = <175$ $c_3 = 8,8 \cdot 10^{-6}$ $c_4 = 175$	$c_1 = 147,7 \cdot 10^3$ $c_2 = 0,366 \cdot 10^{-6}$ $c_3 = 63,15 \cdot 10^3$ $c_1^* = 0,296 \cdot 10^{-6}$ $c_2^* = 0,426 \cdot 10^9$ $c_3^* = 0,053 \cdot 10^{-3}$	$c_1 = 0,1045$ $c_2 = 0,0665$ $c_3 = 0,0140$ $c_4 = 0,0035$	$c_1 = 324,696 \cdot 10^3$ $c_2 = 178,292 \cdot 10^3$ $c_3 = 0,3676$ $c_1^* = 122,2 \cdot 10^4$ $c_2^* = 3,414$ $c_3^* = 148.5 \cdot 10^5$
	Dämpfungsfaktor	$d_1 = 1,8$ $d_2 = 701$ $d_3 = 350$ $d_4 = 315$	$d_1 = 234,8$ $d_2 = 0,0393$ $d_3 = 37,22 \cdot 10^3$	$d_1 = 270$ $d_2 = 178$ $d_3 = 103$ $d_4 = 90$	$d_1 = 109,41$ $d_2 = 0,644 \cdot 10^{-4}$ $d_3 = 0,4565 \cdot 10^3$
	Abstand von Angriffspunkt Teilsystem zu Massen-Mittelpunkt		$l_1 = 0,250$ $l_2 = 0,003$ $l_3 = 0,236$		$l_1 = 0,4025$ $l_2 = 0,4637$ $l_3 = -0,2733$
Modell für die x-Achse	Frequenzbereich	20 - 1000	10 - 1000		5 - 1000
	Modelltyp	⑧ 4 FG	⑩ 2 FG		⑩ 2 FG
	Masse	$m_1 = < 0,175$ $m_2 = 0,028$ $m_3 = 0,088$ $m_4 = 0,0018$	$m = 5,789$ mit $q = 0,039$		$m = 3,03$ mit $q = 0.0438$
	Federsteifigkeit	$c_1 = 17,5 \cdot 10^{-4}$ $c_2 = <175$ $c_3 = 3,15 \cdot 10^{-5}$ $c_4 = 1750$	$c_1 = 217,8 \cdot 10^3$ $c_2 = 0,0050 \cdot 10^{-6}$ $c_3 = 34,83 \cdot 10^6$ $c_1^* = 0,110 \cdot 10^{-6}$ $c_2^* = 0,426 \cdot 10^9$ $c_3^* = 0,020 \cdot 10^{-3}$		$c_1 = 0,515 \cdot 10^{-7}$ $c_2 = 0,1436 \cdot 10^{-7}$ $c_3 = 0,515 \cdot 10^{-7}$ $c_1^* = 80,8688 \cdot 10^4$ $c_2^* = 0,515 \cdot 10^{-7}$ $c_3^* = 0,2146 \cdot 10^{-7}$
	Dämpfungsfaktor	$d_1 = 35$ $d_2 = 42$ $d_3 = 298$ $d_4 = 525$	$d_1 = 279,4$ $d_2 = 0,2653$ $d_3 = 28,79 \cdot 10^3$		$d_1 = 243,4$ $d_2 = 0,342 \cdot 10^{-5}$ $d_3 = 18,4539 \cdot 10^{-3}$
	Abstand von Angriffspunkt Teilsystem zu Massen-Mittelpunkt		$l_1 = 0,240$ $l_2 = 0,001$ $l_3 = 0,253$		$l_1 = 0,2313$ $l_2 = -0,4749$ $l_3 = -0,2671$
Modell für die y-Achse	Frequenzbereich	5 - 1000	10 - 1000	20 - 1000	5 - 1000
	Modelltyp	⑧ 4 FG	⑩ 2 FG	⑨ 5 FG	⑩ 2 FG
	Masse	$m_1 = < 0,175$ $m_2 = 1,4$ $m_3 = 0,088$ $m_4 = 0,0018$	$m = 3,346$ mit $q = 0,041$	$m_1 = 0,045$ $m_2 = 0.405$ $m_3 = 1,150$ $m_4 = 1,960$	$m = 5,816$ mit $q = 0,03227$
	Federsteifigkeit	$c_1 = 3,5 \cdot 10^{-4}$ $c_2 = <175$ $c_3 = 8,8 \cdot 10^{-5}$ $c_4 = 1750$	$c_1 = 35,28 \cdot 10^6$ $c_2 = 0,117 \cdot 10^{-6}$ $c_3 = 2,40 \cdot 10^6$ $c_1^* = 0,013 \cdot 10^{-3}$ $c_2^* = 0,422 \cdot 10^9$ $c_3^* = 0,196 \cdot 10^{-6}$	$c_1 = 0,0430$ $c_2 = 0,0051$ $c_3 = 0,0050$ $c_4 = 0,0200$	$c_1 = 0,288 \cdot 10^{-5}$ $c_2 = 0,725 \cdot 10^7$ $c_3 = 0,2071 \cdot 10^{-5}$ $c_1^* = 68,98 \cdot 10^4$ $c_2^* = 0,2657 \cdot 10^{-6}$ $c_3^* = 445,66 \cdot 10^6$
	Dämpfungsfaktor	$d_1 = 17,5$ $d_2 = 52,5$ $d_3 = 280$ $d_4 = 140$	$d_1 = 180,2$ $d_2 = 0,0065$ $d_3 = 518,7$	$d_1 = 90$ $d_2 = 65$ $d_3 = 91$ $d_4 = 204$	$d_1 = 132,88$ $d_2 = 0,38 \cdot 10^{-4}$ $d_3 = 14,3023 \cdot 10^3$
	Abstand von Angriffspunkt Teilsystem zu Massen-Mittelpunkt		$l_1 = 0,182$ $l_2 = 0,077$ $l_3 = 0,261$		$l_1 = 0,4044$ $l_2 = -0,4881$ $l_3 = -0,4591$

Legende:

Dämpfungsfaktor d [Ns/m]	Federsteifigkeit c [N/mm]	Frequenzbereich [Hz]	FG: Freiheitsgrad
Masse m [kg]	Anpreßkraft F_B [N]	Greifkraft F_{Gr} [N]	n.a.: nicht angegeben

Anmerkungen: Autor Nr. 10: angegebenes Modell gilt für $F_{Gr} = 25,4$ N und Griffdurchmesser 191 mm
Autor Nr. 12: angegebenes Modell gilt für Hand in Mittelstellung

Bild 5.4 b: Strukturen und Daten von Modellen für das menschliche Hand-Arm-System (Ergebnisse von Forschungsarbeiten in der Zeit von 1983 bis 1993)

Dabei wurde der konstruktive Aufbau identisch übernommen. Die Trägerelemente, an welchen sich die Adapter für die Griffbefestigung befinden, wurden als Bestandteil des ortsfesten Inertialsystems modelliert. Wie schon beim mechanischen Ersatzmodell, erfolgt auch beim numerischen Simulationsmodell die Nachbildung der Hand-Arm-Systeme über je 3 drei orthogonal zueinander angeordnete Feder-Dämpfer-Elemente. Zur Abgrenzung von den zur Nachbildung des AV-Systems vorhandenen Feder-Dämpfer-Elementen werden diese im folgenden als Koppelelemente bezeichnet.

Die herstellerseitig angegebenen Druck- und Schubsteifigkeiten für die im mechanischen Hand-Arm-Ersatzmodell verwendeten Koppelelemente wurden unverändert als Werte für das Simulationsprogramm verwendet. Die Werte für Dämpfung und dynamische Verhärtung entsprechen den in Kapitel 5.3.4 genannten. In **Bild 5.5 a** und **Bild 5.5 b** ist das im Rahmen dieser Arbeit zur Nachbildung der beiden HAS implementierte System in einer Seitenansicht bzw. einer Draufsicht dargestellt. Dabei wurden, bedingt durch den Verlauf der Längsachsen von Gas- und Vordergriff, zwei gedrehte Koordinatensysteme (x', y', z' bzw. x", y", z") eingeführt.

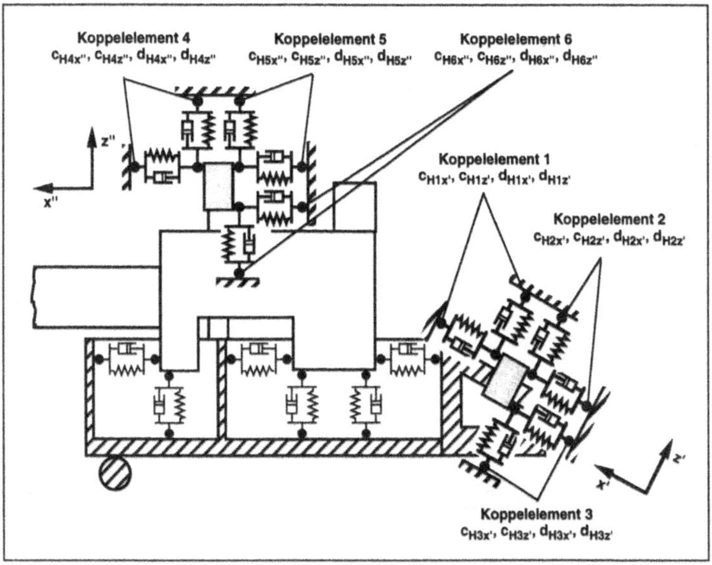

Bild 5.5 a: Modelliertes Hand-Arm-Ersatzsystem (Seitenansicht)

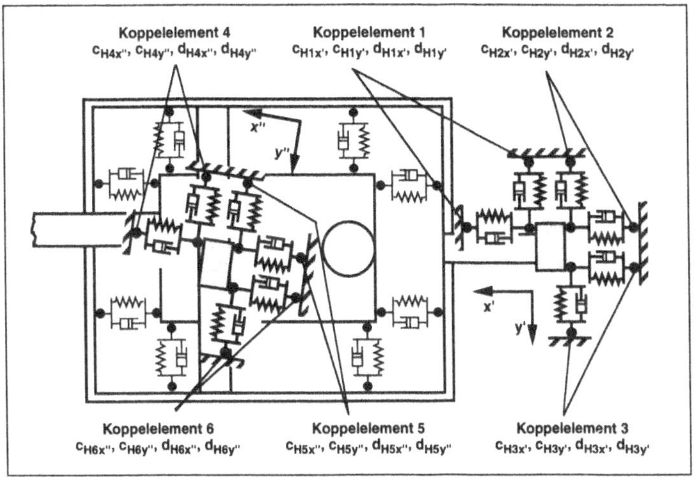

Bild 5.5 b: Modelliertes Hand-Arm-Ersatzsystem (Draufsicht)

5.3.6 Validierung des Simulationsmodells

Die Validierung des implementierten Simulationsmodells stellte eine wichtige Voraussetzung für den Fortgang der Arbeiten dar. Zum einen galt es, ein, dem realen MTS möglichst ähnliches Schwingungsverhalten zu simulieren, zum anderen war es für die Überprüfung der Effizienz, der gleichzeitig geforderten Quantifizierung von Parametervariationen und der geplanten Optimierung des AV-Systems wichtig, daß das Modell verläßliche Schwingbeschleunigungswerte lieferte.

Für die Validierung wurden die errechneten, gewichteten Schwingbeschleunigungswerte für das Gerät A im Betrieb mit insgesamt 4 verschiedenen Trennscheiben (Kunstharzscheiben II/2, III/6, V/5 und Hartmetallscheibe IV/2, vgl. Kap. 4.3.3) mit real gemessenen Werten (lastfreier Betrieb) verglichen.

Für sämtliche Vergleiche wurde eine konstante Motordrehzahl von n_M = 8.000 1/min bzw. f_M = 133,3 Hz zugrundegelegt. Bei Trennscheiben mit einem Durchmesser von 300 bzw. 305 mm (Typen I, II, III, vgl. Kap. 4.3.3) betrug das Verhältnis von Motordrehzahl n_M zu Scheibendrehzahl n_S 1,584 : 1, bei Trennscheiben mit einem Durchmesser von 350 bzw. 355 mm (Typen IV, V, VI, vgl. Kap. 4.3.3) betrug dieses Verhältnis 1,881 : 1.

Im Hinblick auf die Zielsetzung dieser Arbeit wurden als Kriterien zur Validierung die Übereinstimmung der Schmalbandfrequenzspektren der einzelnen, zeitlichen Schwingbeschleunigungsverläufe und deren zeitlich gemittelte, gewichtete Effektivwerte a_{ihw} gewählt. Diese sollten weitestgehend mit den real gemessenen Werten bzw. Spektren übereinstimmen (vgl. Kap. 5.2.2). Hierzu war es notwendig, das Schwingungssystem im eingeschwungenen Zustand zu betrachten. Wie **Bild 5.6** exemplarisch für die in vertikaler Richtung am vorderen Handgriff simulierte Schwingbeschleunigung $a_{zh}(t)$ zeigt, konnte ab einer Simulationszeit von ca. 4 s davon ausgegangen werden, daß sich das System in eingeschwungenem Zustand befindet.

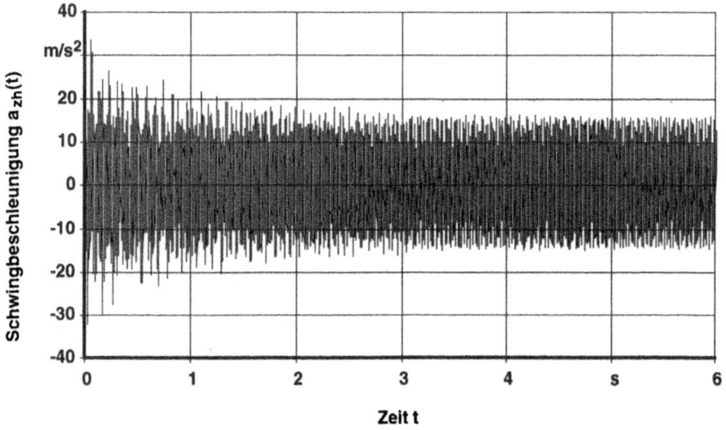

Bild 5.6 Simulierter Schwingbeschleunigungsverlauf am vorderen Handgriff in vertikaler Richtung a_{zh} (t)

Im folgenden **Bild 5.7** (Teil a und b) sind beispielhaft die Schmalbandfrequenzspektren aller 6 Schwingbeschleunigungsverläufe $a_{ih}(t)$ für den Betrieb des MTS mit Trennscheibe II/3) verglichen. Gegenübergestellt sind die spektralen Verläufe der einzelnen Schwingbeschleunigungen aus realen Messungen mit dem in Kapitel 4.4 beschriebenen mechanischen Hand-Arm-Ersatzsystem und die aus simulierten Zeitverläufen. Es zeigt sich, insgesamt betrachtet, eine relativ gute Annäherung zwischen den simulierten und den realen Spektren bei den Frequenzen von Scheiben- und Motorfrequenz (f_S = 84 Hz bzw. f_M = 133 Hz). Die noch vorhandenen Abweichungen bzgl. der bei der Motordrehzahl auftretenden Beschleunigungsmaxima sind auf die vereinfachte Nachbildung der Motormassenkräfte zurückführen. Diese Ungenauigkeit bei der Modellierung ist jedoch, wie die weiteren Ergebnisse der Arbeit zeigen, nur von untergeordnetem Einfluß und wurde aus diesem Grund nicht weiter verfolgt.

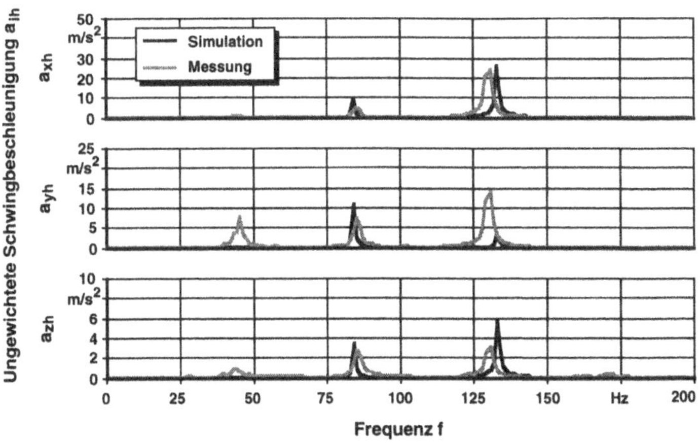

Bild 5.7 a: Vergleich der Schmalbandfrequenzspektren der ungewichteten Schwingbeschleunigungen am Vordergriff für Simulation und Messung mit mechanischem Hand-Arm-Ersatzsystem

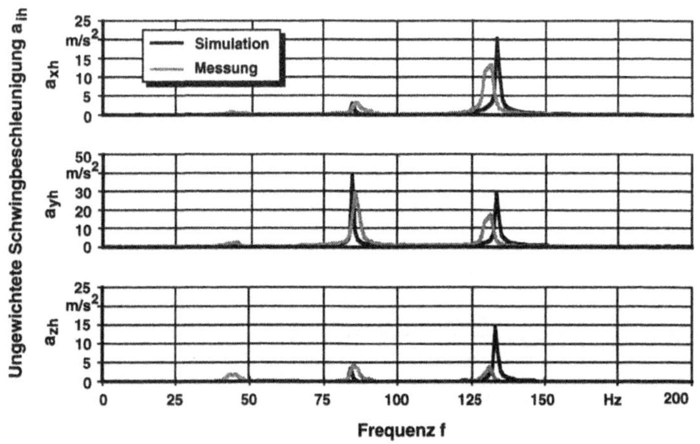

Bild 5.7 b: Vergleich der Schmalbandfrequenzspektren der ungewichteten Schwingbeschleunigungen am Gasgriff für Simulation und Messung mit mechanischem Hand-Arm-Ersatzsystem

In **Bild 5.8** ist außerdem der Vergleich für die gewichteten Schwingbeschleunigungswerte a_{ihw} sowie die entsprechenden WAS-Werte dargestellt.

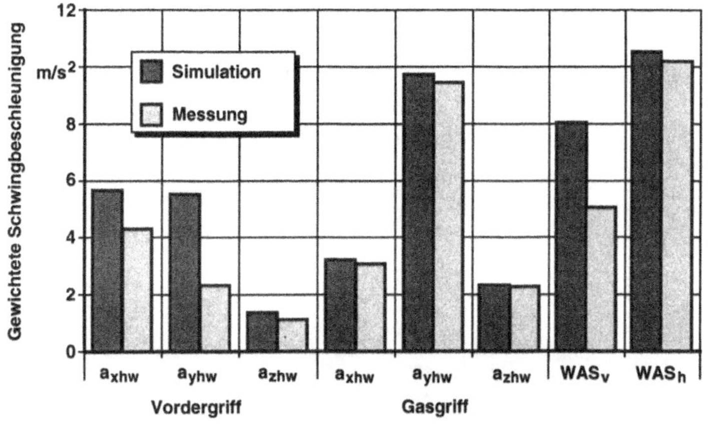

Bild 5.8: Vergleich der gewichteten Schwingbeschleunigungs- und WAS-Werte für Simulation und Messung mit mechanischem Hand-Arm-Ersatzsystem (Verwendung von Trennscheibe III/6)

Weitere Vergleiche gewichteter Schwingbeschleunigungs- und WAS-Werte sind im Anhang (**Tabelle A11**) enthalten. Es zeigt sich, daß, mit Ausnahme der y-Richtung am Vordergriff, insgesamt eine gute Übereinstimmung zwischen den Simulationsergebnissen und den real gemessenen Werten erreicht wird. Die Abweichungen der Werte für a_{yhw} bzw. WAS_v sind, wie bereits erwähnt, auf die vereinfachte Nachbildung der Motormassenkräfte zurückzuführen.

Somit kann festgestellt werden, daß mit der Modellierung des in Kapitel 4.4 beschriebenen mechanischen Hand-Arm-Ersatzmodells im Rahmen der numerischen Simulation auf vergleichsweise einfache Art und Weise das Impedanzverhalten des menschlichen Hand-Arm-Systems ausreichend genau für den Anwendungsfall MTS nachgebildet werden konnte. Gleichzeitig darf davon ausgegangen werden, daß das hier beschriebene Simulationsmodell, bestehend aus MTS und Hand-Arm-Ersatzmodell, als Grundlage für die Optimierung des AV-Systems verwendet werden kann.

5.4 Entwicklung eines schwingungsoptimierten Gerätes

5.4.1 Auslegung von Anti-Vibrations-Systemen

Das Grundprinzip bei der Auslegung von AV-Systemen besteht in der Isolierung der von vorhandenen Erregerquellen ausgehenden Schwingungen von den übrigen Komponenten eines Gerätes oder einer Maschine. Mit dieser Isolierung läßt sich die störende oder gar schädliche Übertragung mechanischer Schwingungen reduzieren. Dabei wird die zu isolierende Einheit mit ihren Erregerquellen durch sogenannte Schwingungsisolatoren mit dem restlichen Teil des Gerätes verbunden.

Als Isolierelemente oder AV-Elemente kommen Federn, Dämpfer oder auch kombinierte Feder-Dämpfer-Elemente in Betracht. Die Federn werden in der Regel als Stahl-, Gummi- oder Luftfedern ausgeführt, sie verformen sich elastisch und ihre werkstoffabhängige Dämpfung ist meist gering. Die Dämpfer entziehen dem Schwingungssystem mechanische Energie und wandeln sie in Wärme um.

Im vorliegenden Fall des MTS hat das AV-System die Aufgabe, die dämpfende Einheit, bestehend aus Tank, Vordergriff, Gasgriff und Abstellstütze, von den durch die Massenkräfte des Antriebsmotors und durch die Unwucht der rotierenden Trennscheibe verursachten Vibrationen zu isolieren. Es handelt es sich hierbei um eine Aktivisolierung. Eine Aufspaltung in zwei getrennte AV-Systeme für Motor und Trennscheibe mit Antrieb scheidet aus Kostengründen und aufgrund der mit einer solchen Bauweise verbundenen höheren Gerätegesamtmasse aus.

Für ein derartiges System gilt die in **(5.10)** angegebene Amplituden- oder Vergrößerungsfunktion. Diese beschreibt das Übertragungsverhalten des elastisch gelagerten Systems bei Einleitung einer konstanten Kraft- bzw. Wegerregung in Abhängigkeit von der Erregerfrequenz.

$$V = \frac{1}{\sqrt{(1-\eta^2)^2 + (2\cdot\vartheta\cdot\eta)^2}} \qquad \textbf{(5.10)}$$

mit: $\eta = \frac{\Omega}{\omega_0}$

$\vartheta = \frac{k_d}{2\cdot m}\cdot\frac{1}{\omega_0}$

Ziel bei der Abstimmung eines aktiv arbeitenden AV-Systems ist es, durch geeignete Wahl von Gesamtfedersteifigkeit, Gesamtdämpfungskonstante und sich ergebender Massenverhältnisse die auf die Umgebung übertragene dynamische Kraft F_{dyn}, bzw. die dabei auftretende Wegerregung der Umgebung möglichst klein zu halten. Dabei gilt für die Durchlässigkeit V_D (Verhältnis der übertragenen Kraft zur erregenden Kraft) des Schwingungssystems folgende Übertragungsfunktion **(5.11)**.

$$V_D = V\cdot\sqrt{1+(2\cdot\vartheta\cdot\eta)^2} \qquad \textbf{(5.11)}$$

Dieser Zusammenhang ist in **Bild 5.9** dargestellt. Eine Schwingungsisolierung wird somit erst für $\eta > \sqrt{2}$ erreicht. Das Vorhandensein einer Dämpfung verschlechtert generell die Qualität der Schwingungsisolierung, hat jedoch Vorteile, wenn beim Hochfahren, bzw. Abschalten der Maschine der Resonanzbereich durchfahren werden muß. Zur Beurteilung der Güte der Schwingungsisolierung wird auch häufig der Isoliergrad $G = (1 - V_D)$ angegeben.

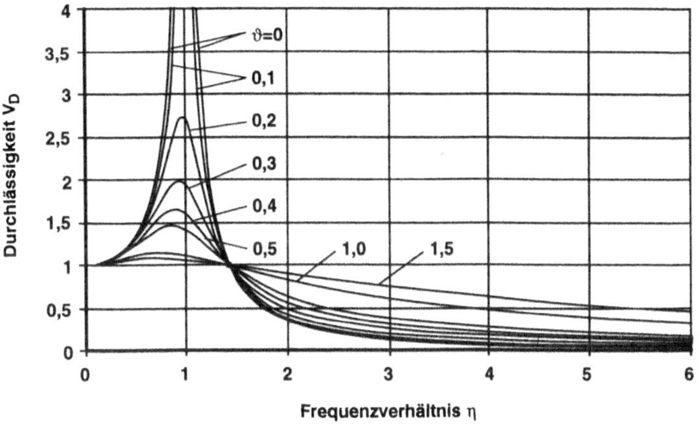

Bild 5.9: Übertragungsfunktion der Durchlässigkeit V_D für ein aktiv isoliertes System mit konstanter Erregeramplitude in Abhängigkeit von Lehr'schem Dämpfungsmaß ϑ und Frequenzverhältnis η

Sinngemäß lassen sich die oben gemachten Überlegungen auch auf den hier vorliegenden Fall übertragen, in dem das Erregersystem durch ein Überlagerung von Schwingungen verschiedener Frequenzen gekennzeichnet ist. In einem solchen Fall müssen zur Erzielung einer effektiven Dämpfung die Eigenfrequenzen des AV-Systems mindestens um den Faktor 2,5 bis 3 niedriger sein als die niedrigste Erregerfrequenz (vgl. **Bild 5.9**). Diese Aufgabe wird dadurch erschwert, daß zum einen der MTS in einem weiten Motordrehzahlbereich (von 6.000 1/min bis ca. 10.000 1/min) betrieben wird, und daß zum anderen nicht nur ein Freiheitsgrad, sondern insgesamt 6 Freiheitsgrade der elastisch gelagerten Einheit, bestehend aus Motor mit angetriebener Trennscheibe, zu berücksichtigen sind.

Zusätzlich ist zu beachten, daß Trennscheiben mit unterschiedlichen Massen und Unwuchten Verwendung finden und daß die Trennscheibe sowohl in einer inneren als auch in einer äußeren Position montiert werden soll (vgl. Kap. 4.3.4). Darüberhinaus muß bei der Auslegung von AV-Systemen die Übertragbarkeit von Führungs- und Bearbeitungskräften gewährleistet sein. Aus diesem Grund wurde als Basis für die Optimierung des AV-Systems bei der Anordnung der einzelnen AV-Elemente besonders auf deren gleichmäßige statische Belastung geachtet (vgl. Kap. 5.4.4). Bei der Wahl der zum Einsatz kommenden AV-Elemente wurden zwei verschiedene, beim Hersteller bereits in der Serienproduktion eingesetzte Typen berücksichtigt.

Vor der Auslegung des optimierten AV-Systems wurden noch die Auswirkungen der Lage und Anbindung des Trennschleiferarms (vgl. Kap. 5.4.2) sowie die Auswirkungen der Massenverteilung (vgl. Kap. 5.4.3) mit Hilfe der numerischen Simulation untersucht. Generell wurde bei allen im folgenden dargestellten Untersuchungen darauf geachtet, daß die praktische Umsetzung der gewählten Maßnahmen unter konstruktiven und fertigungstechnischen Gesichtspunkten sichergestellt ist.

5.4.2 Drehsteifigkeit des Trennschleiferarms

Bevor mit Simulationen zur Ermittlung der optimalen Scheibenposition begonnen wurde, galt es, zuvor den Einfluß der Steifigkeit des Trennschleiferarms auf das Schwingungsverhalten zu untersuchen. Hierzu wurden die Werte für die Drehsteifigkeit des bereits in Kapitel 5.3.1 erwähnten Gelenks sukzessive erhöht und jeweils ein neuer Simulationslauf gestartet, Schmalbandfrequenzspektren errechnet und aus diesen die frequenzbewerteten Schwingbeschleunigungswerte ermittelt. Aufgrund der systembedingten hohen Rechenzeiten des Simulationsprogrammes wurden die in **Bild 5.10** dargestellten Wertesprünge für die Drehsteifigkeit gewählt.

Bild 5.10 zeigt die ermittelten WAS-Werte für verschiedene Drehsteifigkeiten im Vergleich. Basis für diese Werte ist die Simulation des Betriebs des MTS mit der Trennscheibe III/6 bei einer Motordrehzahl von n_M = 8.000 1/min. Deutliche Reduzierungen des WAS-Wertes für den Gasgriff ergeben sich erst bei relativ hohen Steifigkeiten. Die im Bereich zwischen c_{rot} = 2.800 und 22.400 Nm/rad vorhandene Zunahme beider WAS-Werte ist auf Eigenresonanzen des Trennschleiferarms zurückzuführen.

Aus diesen Untersuchungen ergibt sich als eine Forderung für die Optimierung des Schwingungsverhaltens des MTS eine Erhöhung der Drehsteifigkeit des Trennschleiferarms. Die geforderte Erhöhung läßt sich am effektivsten durch eine Vergrößerung der Breite t_A des Arms erzielen. Nach **(5.4)** geht die Breite t_A mit der dritten Potenz in die Berechnung der Drehsteifigkeit ein. So läßt sich beispielsweise allein durch Vergrößerung der Dicke um den Faktor 2.52 eine Erhöhung um den Faktor 16 erzielen. Bei allen, im folgenden dargestellten Untersuchungen wurde der Wert für die Drehsteifigkeit des Trennschleiferarms im Simulationsmodell auf 44.800 Nm/rad (vgl. **Bild 5.10**) erhöht.

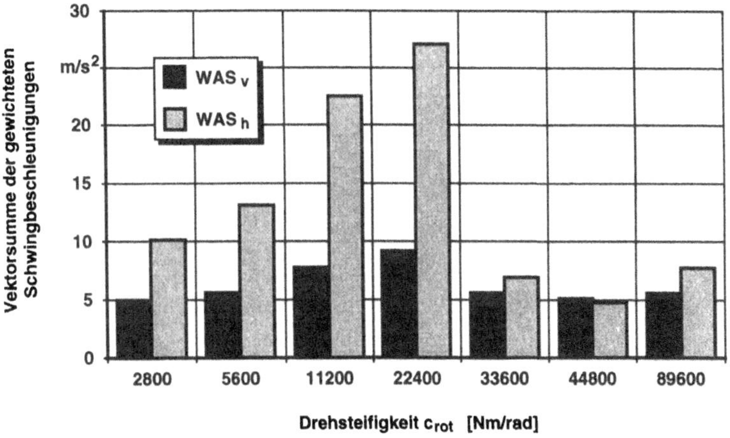

Bild 5.10: Vergleich der Schwingbeschleunigungs- und WAS-Werte bei unterschiedlichen Drehsteifigkeiten des Trennschleiferarms

5.4.3 Trennscheibenposition

Nachdem herstellerseitig die Möglichkeit vorgesehen ist, den Arm des MTS sowohl in einer inneren als auch in einer äußeren Position zu befestigen (vgl. Kap. 4.3.4), galt es, den Einfluß der Trennscheibenposition auf die Schwingbeschleunigungen zu untersuchen. Hierzu wurden mehrere Simulationsläufe durchgeführt, bei denen die Position von Trennschleiferarm, Schutzhaube und Trennscheibe relativ zur elastisch gelagerten Einheit (Motor mit Vergasereinheit und Auspuff), wie in **Bild 5.11** schematisch dargestellt, systematisch variiert wurde.

Ausgehend von einem Wert von 0 mm wurden verschiedene Scheibenpositionen in negativer y-Richtung (vgl. **Bild 5.11**), bezogen auf das in Kapitel 5.3.1 definierte Koordinatensystem, simuliert und die sich ergebenden gewichteten Schwingbeschleunigungen ermittelt. Basis für die Simulationsläufe war eine Motordrehzahl von n_M = 8.000 1/min und die Verwendung der Trennscheibe III/6.

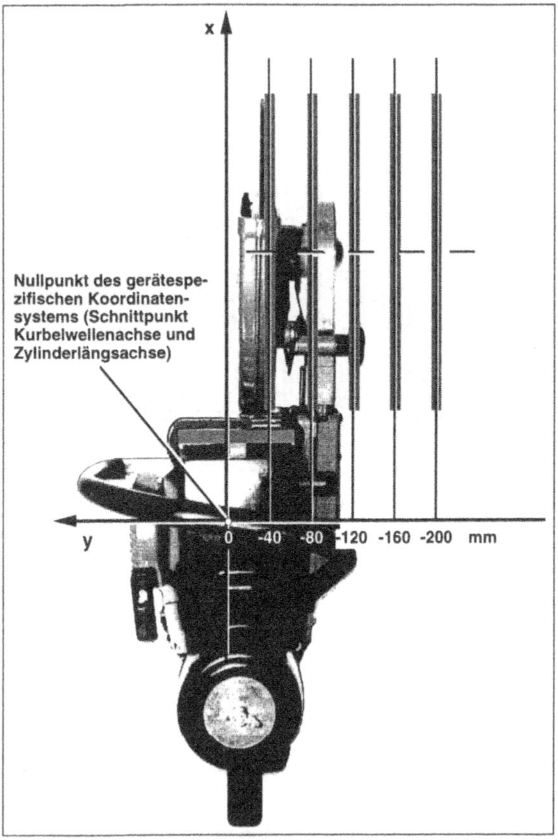

Bild 5.11: Schematische Darstellung der Variation der Trennscheibenposition

Erwartungsgemäß ergeben sich signifikante Änderungen der gewichteten Schwingbeschleunigungen an beiden Handgriffen. Die Werte steigen, wie in **Bild 5.12** dargestellt, mit zunehmendem Abstand der Trennscheibenebene stark an. Ursache hierfür ist, daß sich durch die Unwuchtkräfte an der rotierenden Trennscheibe, zusätzlich zu den in der x-z-Ebene auftretenden Schwingungen ein dynamisches Moment um die z-Achse des elastisch gelagerten Systems bildet, welches sich mit zunehmendem Abstand der Trennscheibenebene vergrößert. Die mit der Variation der Trennscheibenposition verbundene Lageänderung des Gesamtschwerpunkts des elastisch gelagerten Systems wurde hierbei durch das Simulationsprogramm automatisch mitberücksichtigt.

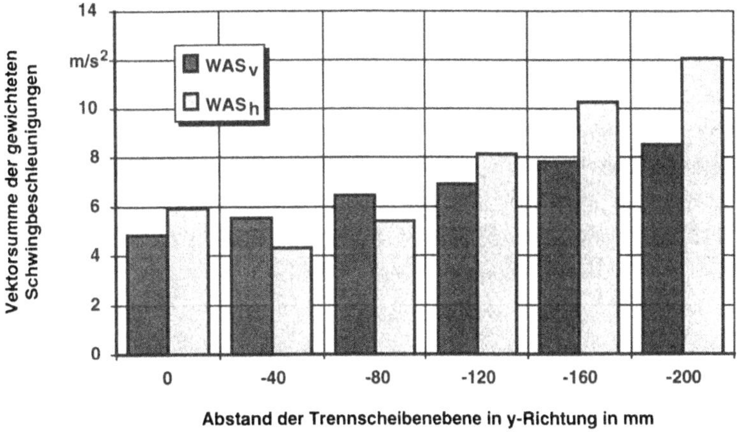

Bild 5.12: Vergleich der WAS-Werte für Vordergriff und Gasgriff bei Variation der Trennscheibenposition

Die durch das o.g. dynamische Moment zusätzlich entstehenden Vibrationen wirken sich verstärkt in der y-Richtung an beiden Handgriffen aus. Dies liegt darin begründet, daß die AV-Elemente in dieser Richtung auf Druck belastet werden, somit eine höhere Federsteifigkeit aufweisen und das gesamte AV-System daher in dieser Richtung die geringste Effizienz hat.

Aus den Ergebnisse der o.g. Parametervariation ergibt sich die Forderung, den Arm am MTS derart zu befestigen, daß der Abstand der Trennscheibenebene zum Gesamtschwerpunkt des elastisch gelagerten System minimal wird. Dies sollte sowohl für den Betrieb der Trennscheibe in der inneren wie auch in der äußeren Position gelten (vgl. Kap. 3.2).

5.4.4 Massenverteilung

In einem weiteren Simulationslauf wurde untersucht, welchen Einfluß die Massenverteilung zwischen dem elastisch gelagerten System (Positionen 1 bis 6, vgl. **Tabel-**

le 5.1) und dem dämpfenden Teil des MTS (Positionen 7 bis 10, vgl. **Tabelle 5.1**) auf die Schwingbeschleunigungs- und WAS-Werte hat. Die Möglichkeiten, die Massenverteilung am realen MTS zu verändern, sind begrenzt und beschränken sich im wesentlichen auf die Anbindung der Schutzhaube. Deren Masse (m_{SH} = 1,77 kg) wurde im Simulationsmodell versuchsweise am dämpfenden Teil, d.h. an der Tankeinheit des MTS befestigt.

Die sich ergebenden Änderungen der gewichteten Schwingbeschleunigungs- und WAS-Werte (Basis: n_M = 8.000 1/min, Trennscheibe III/6 in Innenposition) belegen, wie in **Bild 5.13** dargestellt, daß sich eine Erhöhung der dämpfenden Masse des MTS positiv auf die Schwingungswerte auswirkt. Insgesamt betrachtet, werden bei den WAS-Werten Reduzierungen bis zu 35% erreicht.

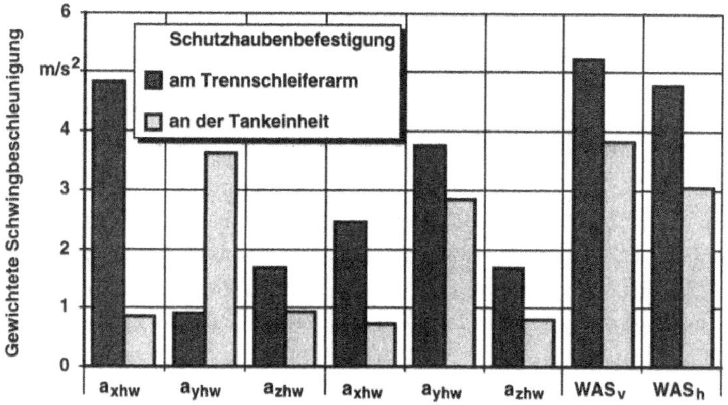

Bild 5.13: Vergleich der Schwingbeschleunigungs- und WAS-Werte bei Befestigung der Schutzhaube am Trennschleiferarm, bzw. an der Tankeinheit

5.4.5 Anordnung der Anti-Vibrations-Elemente

Ausgehend von den in Kapitel 5.4.2 getroffenen Überlegungen wurde zunächst untersucht, inwieweit konstruktiver Freiraum für eine Verringerung des Abstands zwischen dem Anbindungspunkt des Trennschleiferarms und der Lage des Gesamtschwerpunkts des elastisch gelagerten Systems vorhanden ist. Dies war erforderlich, um die geplante experimentelle Validierung der Effektivität der zu realisierenden Maßnahmen sicherzustellen. Die Überprüfung der im Originalzustand des Gerätes A vorhandenen konstruktiven Gegebenheiten ergab die Möglichkeit, den Trennschleiferarm in einem Abstand von nur -43 mm zum Nullpunkt des in Kapitel 5.3.1 definierten Koordinatensystems (vgl. **Bild 5.11**) zu befestigen; der Originalabstand beträgt -93 mm. Gleichzeitig ergab eine weitere Prüfung, daß sich der Abstand zwischen den beiden möglichen Positionen der Trennscheibe (innen bzw. außen) auf 100 mm verringern läßt; der Abstand im Originalzustand beträgt 124 mm. Somit resultieren Abstände der Trennscheibenebene in y-Richtung von +7 mm (innere Position) und -93 mm (äußere Position); die Werte für den Originalzustand des Gerätes A liegen hier bei -31 mm (innere Position) und -145 mm (äußere Position).

Aufgrund der unterschiedlichen Massen der zum Einsatz kommenden Trennscheiben (m_S = 0,48 bis 1,90 kg) und der vom Anwender geforderten Möglichkeit, die Trennscheibe sowohl in einer inneren als auch einer äußeren Position betreiben zu können, ergeben sich verschiedene Lagen des Gesamtschwerpunkts der elastisch gelagerten Einheit. Um eine gleichmäßige Belastung der im AV-System verwendeten Feder-Dämpfer-Elemente zu gewährleisten, müßten diese theoretisch verstellbar im Gerät angebracht sein. Dies ist jedoch nicht sinnvoll realisierbar, da hier herstellungs- und anwenderseitig hohe Aufwände bzgl. Fertigung und Montage sowie exakter Justierung der AV-Elemente entstehen. Daher wurde als Kompromiß die Ausrichtung der AV-Elemente bezogen auf eine mittlere Lage des Gesamtschwerpunkts angestrebt.

Aus diesem Grund wurde ausgehend von den o.g. konstruktiven Voraussetzungen mit Hilfe der numerischen Simulation ermittelt, welche jeweiligen Positionen des Gesamtschwerpunktes des elastisch gelagerten Systems sich in Abhängigkeit von Position und Masse der Trennscheibe ergeben. Aus den einzelnen Schwerpunktlagen wurde die in **Bild 5.14** (Teil a und b) ersichtliche mittlere Lage des Gesamtschwerpunktes des elastisch gelagerten Systems ermittelt. Es wurde bereits davon ausgegangen, daß die Schutzhaube, wie in Kapitel 5.4.3 dargelegt, am dämpfenden Teil des MTS befestigt wird.

Neben den in Kapitel 5.5.1 genannten generellen Anforderungen an das zu optimierende AV-System sollte bei dessen Auslegung im Hinblick auf geringe Fertigungs- und Montagekosten eine Minimierung der Anzahl der verwendeten AV-Elemente erzielt werden. Die minimal mögliche Anzahl von AV-Elementen für ein statisch bestimmtes System beträgt im vorliegenden Fall 3.

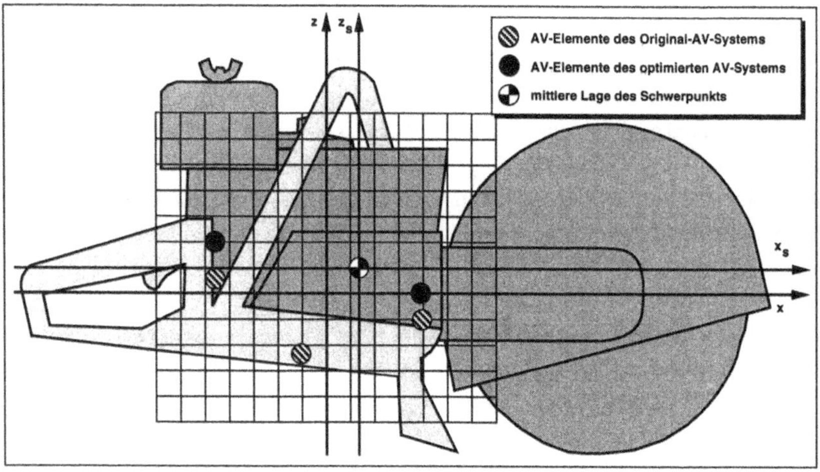

Bild 5.14 a: Anordnung der AV-Elemente des optimierten AV-Systems in der x-z-Ebene

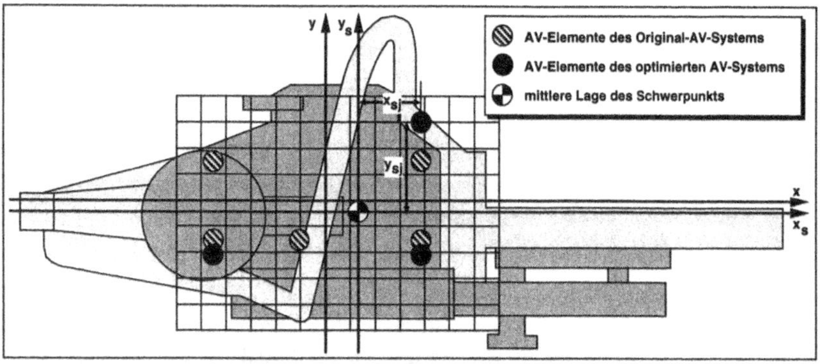

Bild 5.14 b: Anordnung der AV-Elemente des optimierten AV-Systems in der x-y-Ebene

Um sicherzustellen, daß diese 3 AV-Elemente in z-Richtung durch die auftretenden statischen und dynamischen Massenkräfte gleichmäßig belastet werden, wurden bei ihrer Anordnung deren relative Lage zur ermittelten mittleren Lage des Gesamtschwerpunkts der elastisch gelagerten Einheit betrachtet. Unter Berücksichtigung der Bedingungen:

$$\sum_{j=1}^{n} x_{sj} \cdot c_{jz} = 0 \tag{5.12}$$

$$\sum_{j=1}^{n} y_{sj} \cdot c_{jz} = 0 \tag{5.13}$$

und der Annahme, daß alle 3 AV-Elemente gleichen Typs (geringere Lagerhaltungskosten und Vereinfachung des Montageaufwands) sind sowie der konstruktiven Möglichkeiten für die Anordnung der AV-Elemente wurde die in **Bild 5.14** (Teil a und b) dargestellte Anordnung ermittelt. Weitere Angaben zur Anordnung der AV-Elemente sind in /32/ enthalten. Für die im Kapitel 5.5 beschriebene experimentelle Überprüfung des optimierten AV-Systems standen als AV-Elemente neben den bereits in Kapitel 5.3.4 erwähnten serienmäßigen AV-Elemente (Typ I) zusätzlich noch spezielle AV-Elemente (Typ II) mit folgenden Werten

- Drucksteifigkeit c_{jy} = 80 N/mm,
- Schubsteifigkeit $c_{jx\ \mathrm{bzw.}}\ c_{jz}$ = 23 N/mm.

zur Verfügung. Beide Typen werden in den folgenden Untersuchungen berücksichtigt.

5.4.6 Steifigkeit des Anti-Vibrations-Systems

Bei der Auslegung von AV-Systemen ist generell darauf zu achten, daß die Übertragbarkeit von Führungs- und Bearbeitungskräften erhalten bleibt. Aus diesem Grund wurden mit Hilfe der numerischen Simulation die sich durch statischen Massenkräfte in negativer z-Richtung ergebenden Verschiebungen des elastisch gelagerten AV-Systems relativ zum dämpfenden Teil des MTS unter Berücksichtigung einer Andruckkraft F_A in Höhe von 50 N (vgl. Kapitel 4.3.5) untersucht.

Dabei wurden die Einfederungen an den einzelnen AV-Elementen (jeweils für Typ I und Typ II) und an der Achse der Trennscheibe des optimierten AV-Systems mit den Werten, die sich für das Simulationsmodell des Gerätes A im Originalzustand ergeben, verglichen. Beim Vergleich wurde die maximal auftretende Trennscheibenmasse (Hartmetallscheibe mit 355 mm Durchmesser, Typ IV, vgl. Kap. 4.3.3) sowie der Anbau der Scheibe in der inneren, bzw. äußeren Position berücksichtigt.

Statische Einfederung in z-Richtung [mm]						
AV-System	original (5 AV-Elemente)		optimiert (3 AV-Elemente) Typ I		Typ II	
Scheibenposition / Meßpunkt	innen	außen	innen	außen	innen	außen
AV-Element (vorne links)	-0,77	-0,81	-0,54	-1,08	-0,54	-1,08
AV-Element (vorne rechts)	-0,85	-0,82	-0,44	-0,99	-0,44	-0,99
AV-Element (hinten links)	-0,43	-0,48	-	-	-	-
AV-Element (hinten rechts)	0,51	-0,48	-1,45	-1,45	-1,45	-1,44
AV-Element (Mitte rechts)	-0,65	-0,62	-	-	-	-
Scheibenmitte	-1,00	-1,17	-1,48	-3,36	-1,49	-3,49

Tabelle 5.2: Vergleich der statischen Einfederungen an verschiedenen Meßpunkten für das AV-System im Originalzustand und das optimierte AV-System

Wie **Tabelle 5.2** zeigt, sind die Einfederwege für das optimierte AV-System trotz geringerer Gesamtsteifigkeit für beide Typen von AV-Elementen nicht wesentlich höher (Ausnahme: Scheibe in Außenposition) als beim AV-System im Originalzustand. Zudem läßt sich anhand der einzelnen Einfederwege erkennen, daß sich für das optimierte AV-System eine gleichmäßige Belastung der AV-Elemente ergibt.

5.4.7 Ergebnisse der numerischen Simulation des optimierten Anti-Vibrations-Systems

Die Untersuchungen in den vorangegangen Abschnitten führten schließlich zur Definition eines optimierten AV-Systems, welches sich anhand folgender Punkte charakterisieren läßt:

- Erhöhung der Steifigkeit des Trennschleiferarms durch größere Querschnittsfläche (Vergrößerung der Dicke t_A von 12 mm auf 30 mm ohne Berücksichtigung einer möglichen Gewichtszunahme, vgl. Kap. 5.4.2),
- Abstandsminimierung des Trennschleiferarms in y-Richtung vom Gerätemittellinie (Reduzierung von 93 mm auf 43 mm, vgl. Kap. 5.4.5),
- Abstandsminimierung der Trennscheibenebene bei Anbringung in der inneren, bzw. äußeren Position auf 100 mm statt 124 mm (vgl. Kap. 5.4.3),
- Änderung der Massenverteilung durch Anbindung der Schutzhaube am dämpfenden Teil des MTS (Tankeinheit, vgl. Kap. 5.4.4),
- Verwendung von 3 gleichen AV-Elementen (vgl. Kap. 5.4.5),
- gezielte Anordnung der 3 AV-Elemente, daß daraus eine gleichmäßige Belastung durch statische Massenkräfte resultiert (vgl. Kap. 5.4.6).

Bild 5.15 zeigt den MTS mit optimiertem AV-System in der Modelldarstellung des Simulationsprogrammes 'Alaska'. Mit diesem Modell wurden für den Betrieb mit verschiedenen Trennscheiben Simulationsläufe durchgeführt. Exemplarisch werden an dieser Stelle in **Bild 5.16** die gewichteten Schwingbeschleunigungs- und WAS-Werte für den Betrieb mit Trennscheibe III/6 (Motordrehzahl n_M = 8.000 1/min) im Vergleich zum Ausgangsmodell der numerischen Simulation dargestellt. Es ergibt sich eine deutliche Reduzierung aller Werte. Betrachtet man die relevanten WAS-Werte, so läßt sich am Vordergriff eine Verringerung der Schwingungsbelastung von 78,5% verzeichnen; am Gasgriff beträgt reduziert sich der Wert um 91,6%. Auch bei den mit anderen Trennscheiben durchgeführten Simulationsläufen liegen die erzielten Verbesserungen in ähnlich hohen Bereichen (vgl. **Tabelle A12** im Anhang).

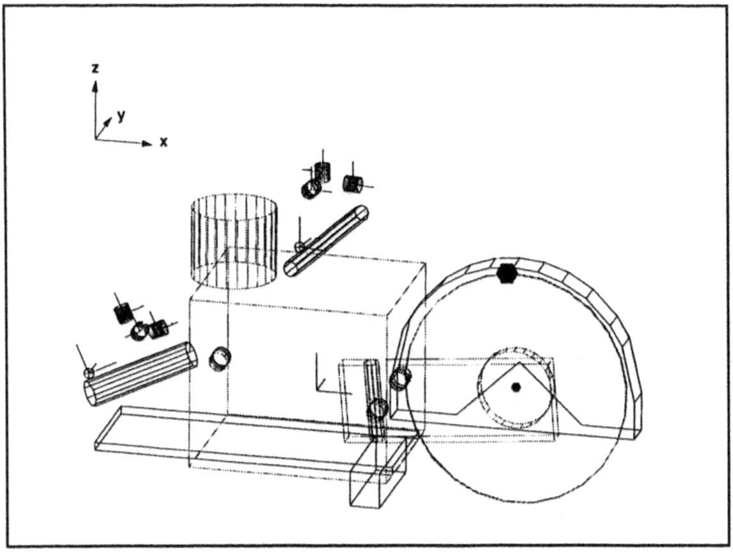

Bild 5.15: Simulationsmodell des MTS mit optimiertem AV-System (vereinfachte Darstellung - Ausdruck des Simulationsprogramms 'Alaska')

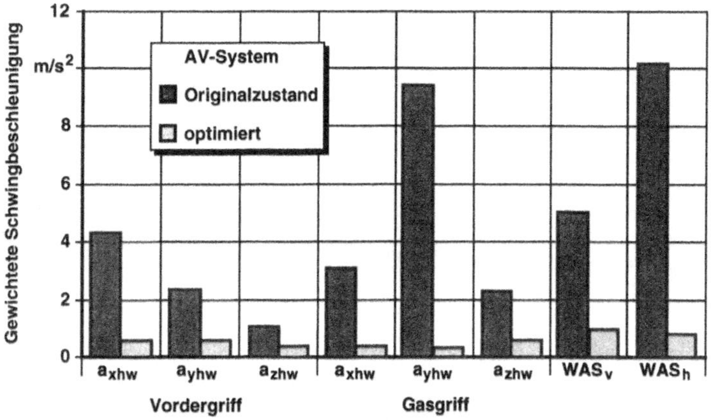

Bild 5.16: Vergleich der gewichteten Schwingbeschleunigungs- und WAS-Werte für den MTS mit AV-System im Originalzustand und mit optimiertem AV-System unter Verwendung der AV-Elemente vom Typ II (Simulationsergebnisse)

Zusätzlich zur Betrachtung der Schwingungsbelastung bei konstanter Motordrehzahl wurde noch untersucht, wie sich das Resonanzverhalten des optimierten AV-Systems bei Verwendung der AV-Elemente vom Typ II im Vergleich zum Originalzustand verändert. Dazu wurden mehrere Simulationsläufe bei verschiedenen Motordrehzahlen im Bereich zwischen n_M = 2.000 1/min und n_M = 9.000 1/min mit Trennscheibe III/6 durchgeführt. Das Zuschalten des Riemenantriebs durch die serienmässig vorhandene Fliehkraftkupplung wurde dabei in den Drehzahlbereich zwischen 3.500 und 4.000 1/min gelegt.

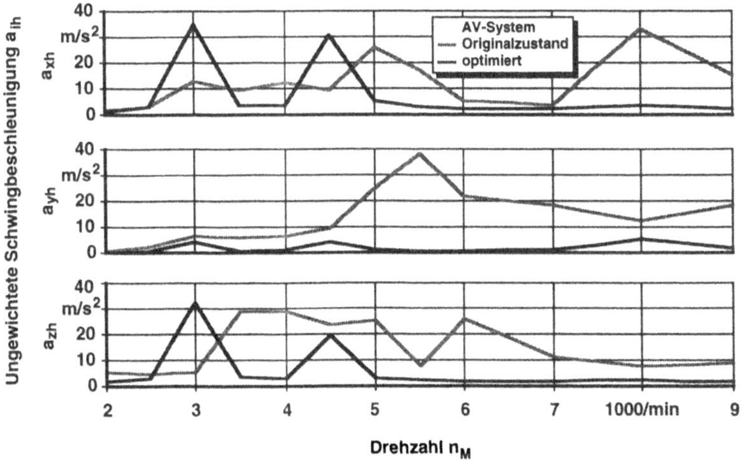

Bild 5.17 a: Vergleich der Verläufe der ungewichteten Schwingbeschleunigungen am Vordergriff in Abhängigkeit von der Motordrehzahl für den MTS im Originalzustand und mit optimiertem AV-System (Verwendung der AV-Elemente vom Typ II, vgl. Kapitel 5.4.5)

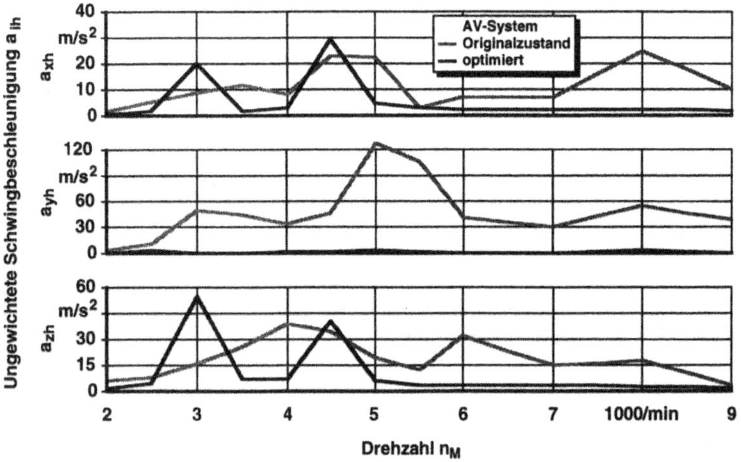

Bild 5.17 b: Vergleich der Verläufe der ungewichteten Schwingbeschleunigungen am Gasgriff in Abhängigkeit von der Motordrehzahl für den MTS im Originalzustand und mit optimiertem AV-System (Verwendung der AV-Elemente vom Typ II, vgl. Kapitel 5.4.5)

Wie aus **Bild 5.17** (Teil a und b) ersichtlich ist, besitzt das optimierte AV-System ein günstigeres Resonanzverhalten als das AV-System im Originalzustand. Zwar treten ebenfalls, bedingt durch Eigenfrequenzen, im Bereich ab 2.500 1/min Überhöhungen auf; diese fallen jedoch z.T. geringer aus und verschwinden im Gegensatz zum Original-AV-System oberhalb 5.000 1/min völlig. Zur besseren Verdeutlichung der Effizienz der beiden betrachteten AV-Systeme sind in **Bild 5.17** die ungewichteten Schwingbeschleunigungswerte dargestellt.

5.5 Experimentelle Überprüfung des optimierten Anti-Vibrations-Systems

5.5.1 Beschreibung des Versuchsträgers

Insgesamt betrachtet zeigen die Simulationsergebnisse, daß sich mit einem optimierten AV-System die am betrachteten MTS auftretenden Schwingungsbelastungen deutlich verringern lassen. Da im Rahmen der numerischen Schwingungssimulation generell gewisse Vereinfachungen notwendig sind, muß in einem nächsten Schritt überprüft werden, inwieweit sich die im Rahmen der Simulation erzielten Reduzierungen der Schwingungsbelastung in der Realität einstellen. Hierzu wurde ein spezieller Prototyp eines MTS erstellt, an dem, soweit dies konstruktiv möglich war, das in Kapitel 5.4 beschriebene optimierte AV-System dargestellt wurde.

Der Prototyp besitzt einen Rahmen aus verschweißten Aluminium-Rohrprofilen, welcher ein Gehäuse mit vier Seitenwänden aus Aluminium-Platten und die beiden Handgriffe aufnimmt. Die Befestigung der AV-Elemente erfolgt über Bohrungen in den Seitenwänden. Motor und Trennschleiferarm wurden zu einer Einheit verblockt und ebenfalls mit Bohrungen zur Aufnahme der AV-Elemente versehen. Folgende Einschränkungen bei der prototypischen Darstellung des optimierten AV-Systems mußten, konstruktiv bedingt, in Kauf genommen werden:

- ❑ Anbindungspunkte der vorderen beiden AV-Elemente liegen in x-Richtung um 20 mm näher zum Ursprung des Bezugskoordinatensystems als in Kapitel 5.4.3 vorgesehen,
- ❑ die Steifigkeit des Arms zur Aufnahme der Trennscheibe entspricht dem Originalzustand (c_{rot} = 2.800 Nm/rad),
- ❑ Abstand der Trennscheibenebene in y-Richtung zum Ursprung des o.g. Koordinatensystems entspricht in beiden Positionen (innere bzw. äußere) dem Originalzustand.

Die Gesamtmasse und die Schwerpunktlage der elastisch gelagerten Einheit, Massenverteilung stimmen mit den in Kapitel 5.4 gemachten Angaben überein. **Bild 5.18** zeigt den Prototyp in einer Seitenansicht.

Bild 5.18: MTS-Prototyp

5.5.2 Ergebnisse der experimentellen Überprüfung

Mit dem Prototyp wurden Schwingungsmessungen sowohl mit Probanden als auch mit Hilfe des mechanischen Hand-Arm-Ersatzmodells durchgeführt. Beim Betrieb fanden die Trennscheiben II/3 und III/6 (vgl. Kap. 4.3.2) Verwendung; zusätzlich wurden bei allen Messungen AV-Elemente sowohl vom Typ I als auch vom Typ II (vgl. Kap. 5.4.5) eingesetzt.

Wie **Bild 5.19** exemplarisch zeigt, wurden die mit der numerischen Simulation erzielten Reduzierungen der Schwingungsbelastungen nicht ganz erreicht. Die experimentell ermittelten WAS-Werte weichen im Vergleich zur Simulation sowohl bei Messungen mit Probanden als auch bei Einsatz des mechanischen Hand-Arm-Ersatzmodells um 1,27 m/s^2 am Vordergriff bzw. um 1,11 m/s^2 am Gasgriff nach oben ab. Die Ursache hierfür liegt in den eingangs genannten Einschränkungen bei der konstruktiven Umsetzung.

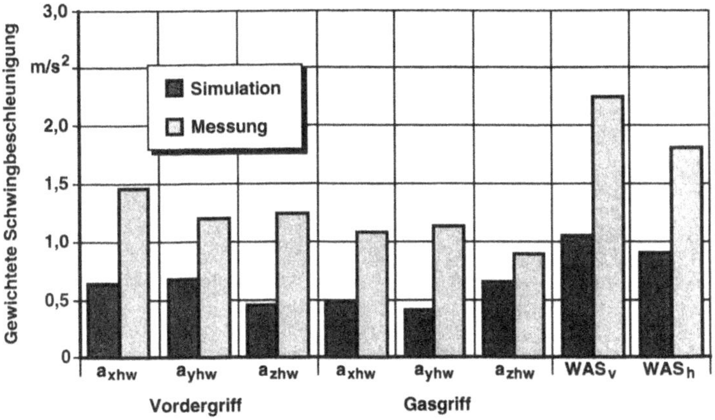

Bild 5.19: Vergleich der gewichteten Schwingbeschleunigungs- und WAS-Werte zwischen Simulation und Messungen mit dem Prototyp (mit mechanischen Hand-Arm-Ersatzsystem) für Trennscheibe III/6 unter Verwendung der AV-Elemente vom Typ II

Betrachtet man jedoch die für den Prototyp ermittelten gewichteten Schwingbeschleunigungs- und WAS-Werte im Vergleich zu den Meßwerten des Gerätes A im Originalzustand, so ergeben sich je nach Steifigkeit der verwendeten AV-Elemente (Typ I bzw. Typ II) Reduzierungen der Schwingbeschleunigungswerte von bis zu 83%. **Bild 5.20** zeigt exemplarisch die Werte für Messungen mit dem mechanischen Hand-Arm-Ersatzsystem (Betrieb mit Trennscheibe III/6, Drehzahl n_M = 8.000 1/min, Verwendung von AV-Elementen des Typs II am Prototyp).

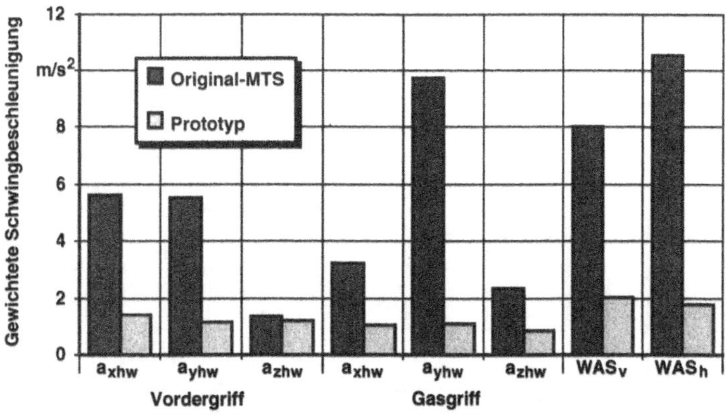

Bild 5.20: Vergleich der gewichteten Schwingbeschleunigungs- und WAS-Werte für Messungen mit dem mechanischen Hand-Arm-Ersatzsystem

Im Anhang (**Tabelle A13** und **A15**) sind alle Ergebnisse der experimentellen Überprüfung, also gewichtete Schwingbeschleunigungs- und WAS-Werte, für Messungen mit verschiedenen Trennscheiben zusammengefaßt.

Die im Rahmen der experimentellen Überprüfung gemessenen Werte zeigen, daß es durch eine gezielte Optimierung des AV-Systems möglich wird, die beim Betrieb derartiger Geräte auftretende Schwingungsbelastung deutlich zu reduzieren. Die hier resultierenden Werte liegen z.T. sogar unter der in der EG-Maschinenrichtlinie /137, 138/ genannten Kennzeichnungspflichtgrenze von 2,5 m/s².

Erste praktische Einsätze des Prototyps beim Trennen von Stahlrohren und Betonwürfeln ergaben bzgl. der Handhabung und der Übertragung von Führungskräften keine Probleme; allerdings ist anzumerken, daß bei Verwendung der AV-Elemente des Typs II die Verschiebungen der elastisch gelagerten Motor-Trennschleiferarm-Einheit erwartungsgemäß höher ausfielen. Daher sind für einen Serieneinsatz der AV-Elemente des Typs II zusätzlich Anschlagpuffer zur Begrenzung dieser Verschiebungen vorzusehen. Bei Verwendung der AV-Elemente des Typs I zeigten sich, auch bei Einleitung hoher Bearbeitungskräfte, nur geringe Verschiebungen.

5.6 Entwicklung eines optimierten Griffsystems

5.6.1 Arbeitsaufgabenspezifische Anforderungen an die Gestaltung des Griffsystems

Wie in Kapitel 3.5.4 dargestellt wurde, trägt die mangelhafte Gestaltung der Mensch-Geräte-Schnittstelle von MTS zur weiteren Erhöhung der körperlichen Belastung des Geräteführers bei. Insbesondere zeigte sich, daß die Griffgestaltung an die aus unterschiedlichen Arbeitsaufgaben resultierenden Anforderungen bzgl. des Haltens und Führens von MTS nur ungenügend angepaßt ist. Auf die schwingungsbeanspruchungsverstärkende Wirkung der Griffgestaltung wurde in Kapitel 4.1.3 hingewiesen. Ausgehend vom Ist-Zustand ergeben sich somit für die Gestaltung eines optimierten Griffsystems folgende Hauptanforderungen:

- Sicherstellung, daß sich, für die Mehrzahl der auftretenden Greifhaltungen, die Handgelenke in Normalstellung befinden (vgl. *Bullinger* und *Solf* /12/),
- Vermeidung der im Ist-Zustand bei Horizontalschnitten auftretenden starken Volarflexion (bei Rechtshändern) bzw. Dorsalextension (bei Linkshändern) des Handgelenks bei der Betätigung des Gashebels,
- Vermeidung stark beanspruchender Körperhaltungen, wie etwa beim Vertikalschnitt in Bodenhöhe (Bücken),
- Schaffung ausreichend vieler Griffstellen, um für jede Arbeitsaufgabe eine möglichst günstige Greifmöglichkeit zu bieten,
- Gewährleistung eines sicheren und ergonomisch günstigen Zugriffs bei allen anfallenden Arbeitsaufgaben,
- Anstrebung einer formschlüssigen Kopplung von Hand und Griff bei allen Greifarten, um möglichst hohe Kräfte übertragen zu können,
- symmetrische Auslegung des Vordergriffs, um das Gerät unabhängig von der Händigkeit ohne starke Ulnarabduktion des Handgelenks führen zu können.

Die auf Grundlage dieses Anforderungsprofils vorgenommene Neugestaltung des gesamten Griffsystems wird in den folgenden Abschnitten dokumentiert. Nach der rechnergestützten Evaluierung des neuen Griffsystems erfolgte eine Realisierung in prototypischer Form.

5.6.2 Gestaltung des Vordergriffs

Auf Basis der genannten arbeitsaufgabenspezifischen Anforderungen wurde eine Überarbeitung der Gestaltung des Vordergriffs vorgenommen. Bzgl. der Gerätelängsachse hat der neue Griff einen achssymmetrischen Verlauf, so daß sowohl Links- als auch Rechtshänder gleichermaßen gut damit arbeiten können.

Bild 5.21: MTS-Prototyp mit optimiertem Griffsystem

Außerdem weist dieser, wie aus der Gesamtansicht in **Bild 5.21** ersichtlich ist, mehrere Greifebenen, bzw. Greifstellen auf. Eine Ebene befindet sich über der oberen Gehäuseoberfläche und ist durch 3 Greifstellen definiert. Die Anordnung dieser Greifstellen ermöglicht es dem Anwender, bei Vertikalschnitten in unterschiedlichen Höhen sich einerseits, etwa bei Arbeiten am Boden, weniger stark bücken zu müssen, und andererseits einen für die Kraftausbringung beim Arbeiten in Hüft- oder

Brusthöhe größeren Abstand beider Arme bzw. Hände zueinander zu erreichen. Dadurch ergibt sich eine günstigere Winkelstellung der Ellenbogengelenke. Anzustreben sind hier Werte im Bereich von $\beta = 90°$ bis $120°$ /13/.

Bild 5.22: Schematische Demonstration der Durchführung eines Horizontalschnitts in Hüfthöhe

Speziell für die Durchführung von Trennschnitten in Horizontalebenen weist der seitlich die Gehäuseseitenflächen des Gerätes umschließende Verlauf des Vordergriffs eine besondere Formgebung auf, die durch den speziellen Winkel, unter dem der Griff verläuft, ein ergonomisch günstiges Zugreifen mit minimalen volar-ulnaren Auslenkungen des Handgelenks der Hand, welche dort zugreift, ermöglicht.

Zusätzlich weist die Greifebene des Vordergriffes oberhalb der oberen Gehäusefläche des Gerätes am hinteren Ende einen speziellen konkaven Verlauf auf. Dieser ermöglicht es dem Anwender, wie in **Bild 5.22** dargestellt, beispielsweise bei der Durchführung von Horizontalschnitten in Hüft- oder Brusthöhe, das Gerät bzw. den hinteren Teil des Vordergriffs formschlüssig gegen seinen Körper zu pressen und durch diese Abstützung des Gerätes am Körper eine Entlastung der Arme und gleichzeitig den Einsatz seines Körpergewichts beim Aufbringen von Bearbeitungskräften zu ermöglichen. Die wesentlichen Merkmale der Gestaltung des Vordergriffs sind in /30/ detailliert beschrieben.

5.6.3 Gestaltung des Gasgriffs

Bei der Neugestaltung des Gasgriffs galt es, insbesondere die im Ausgangszustand starke volare Auslenkung des Handgelenks zu vermeiden, die beim Durchführen von Horizontalschnitten nötig war, um den Hebel zur Drehzahlsteuerung des Geräts (Gashebel) zu erreichen.

Wie aus **Bild 5.23** entnommen werden kann, besteht der neue Gasgriff aus einem längeren, feststehenden Teil und einem am vorderen Ende des Griffs drehbar um die Grifflängsachse gelagertem Element. Dieses Element trägt den Gashebel. Dieser ist im Innern des drehbar gelagerten Elements auf einer Achse, welche senkrecht zur Grifflängsachse steht, beweglich gelagert. Zur Erhöhung der Motordrehzahl ist der Gashebel zum Griff heranzuziehen; in der Regel wird er von Daumen oder Zeigefinger betätigt.

Durch das Heranziehen des Hebels wird dieser in eine Drehbewegung versetzt, die dazu führt, daß der im Inneren des Griffes befindliche, als Nocken ausgebildete Teil des Hebels einen axial in Grifflängsrichtung beweglichen Stößel nach vorn bewegt. Durch die Translation des Stößels wird ein Gestänge betätigt, dessen vorderes Ende an der Drosselklappe des Vergasers befestigt ist. Durch die Verbindung des Gestänges mit der Drosselklappe wird die Drehzahlsteuerung des MTS über die Betätigung des Gashebels ermöglicht. Beim Loslassen des Hebels bringt eine durch die Betätigung ausgelenkte Feder sowohl Gestänge und Stößel als auch den Hebel selbst wieder in die jeweilige Ausgangsposition.

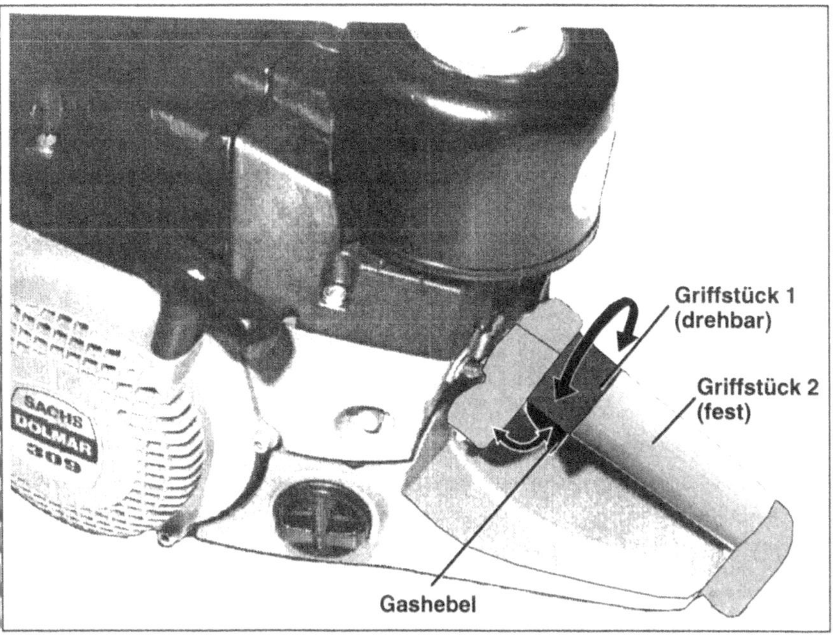

Bild 5.23: Prinzipdarstellung des neuen Gasgriffs

Im Vergleich zum Ausgangszustand ist der Gashebel also nicht auf einer starren, im Griffinneren angebrachten Achse gelagert, sondern an einem Teil des Gasgriffes, der drehbar auf einer Achse parallel zur Längsachse des Gasgriffes angeordnet ist. Der Verlauf der Außenkontur des Gasgriffes in Längsrichtung ist rotationssymmetrisch ausgeführt. Durch die beschriebene Anordnung ist es für den Anwender möglich, je nach Arbeitsaufgabe (z.B. bei der Durchführung von horizontalen Schnitten) das Gerät um seine Längsachse zu drehen, über beide Griffe entsprechend zu halten und dennoch den Gashebel in eine für ihn optimale Lage zu bringen. Eine ergonomisch günstige, d.h. nicht mit volaren Auslenkungen verbundene Handgelenksstellung ist somit gewährleistet.

Die für das Verdrehen des drehbar gelagerten Griffteils notwendige Kraft kann dabei durch eine konstruktiv herbeigeführte Reibung zwischen drehbar gelagertem Griffteil und feststehendem Griffteil so gestaltet werden, daß das drehbar gelagerte Griffteil in seiner jeweiligen Position verbleibt. Je nach Gerätetyp läßt sich der zulässige bzw. sinnvoll erachtete Drehwinkel für das drehbar gelagerte Griffteil durch entsprechende Anschläge (z.B. Nocken, Stifte oder Formschluß mit dem feststehenden Griffteil) einstellen.

Zur Reduzierung der ulnaren Handgelenksauslenkung, welche bei der den Gasgriff umfassenden Hand insbesondere bei Vertikalschnitten in Boden- und Hüfthöhe auftritt, wurde als weitere Gestaltungsmaßnahme der Winkel der Längsachse des Gasgriffs zur Horizontalen vergrößert. Statt des ursprünglichen Wertes von 19° wurde ein Neigungswinkel von 26° festgelegt. Weitere Ausführungen zur Gestaltung des Gasgriffs sind in /31/ enthalten.

5.6.4 Beschreibung des Menschmodells 'Anthropos'

Bevor mit der prototypischen Umsetzung der neu entwickelten Griffgestaltungen begonnen wurde, erfolgte die rechnergestützte Evaluierung der Griffgestaltung mit Hilfe des CAD-Menschmodells 'Anthropos'. Dieses Menschmodell wurde von *Lippmann* /74, 75/ entwickelt. Der Aufbau des Modells ist ausführlich in /60/ beschrieben. Wesentliches Merkmal ist, daß das CAD-Menschmodell 'Anthropos' auf Routinen der CAD-Standard-Software 'CADKEY' /2/ aufbaut und sich somit ideal für die ergonomische Bewertung von Gestaltungen, welche bereits mit Hilfe von CADKEY erarbeitet wurden, eignet.

Das CAD-Menschmodell 'Anthropos' wurde eingesetzt, um bereits in einem frühen Entwicklungsstadium Aussagen über die mit der Neugestaltung der Griffe erzielbare Beanspruchungsreduzierung zu erhalten. Das Simulationsprogramm 'Anthropos' ist in der Lage, die Raumwinkel von insgesamt 90 Körpergelenken anzugeben. Aus der Größe dieser Raumwinkel, bezogen auf die maximal möglichen Gelenkausschläge, lassen sich die mit der jeweilig simulierten Körperhaltung verbundenen statischen Beanspruchungen ableiten.

Für die Simulation war es zunächst notwendig, den MTS und die neugestalteten Griffe zu modellieren; dies geschah im vorliegenden Fall mit dem CAD-Programm

'CADKEY'. Grundlage für die CAD-Modellierung war, wie bereits bei der numerischen Schwingungssimulation, ein Gerät vom Typ A.

Mit Hilfe der im Rahmen der Feldversuche durchgeführten Videoaufzeichnungen wurden Handgelenks- und Hand-Arm-Stellungen sowie und Körperhaltungen von Geräteführern bei der Durchführung typischer Arbeitsaufgaben (vgl. Kap. 3.4.2) ermittelt und für die Definition entsprechender Greifpunkte am Griffsystem des CAD-Trennschleifermodells herangezogen. Nach der Festlegung des Menschmodells bzgl. Geschlecht, Perzentilwert, Alter, Nationalität etc. erfolgte die Vorpositionierung der Trennschleifer-Modelle entsprechend der für die Bewertung der Griffe in Betracht kommenden Arbeitsaufgaben.

Anschließend wurde die Ausrichtung der Körperhaltungen des Menschmodells auf die zuvor definierten Greifpunkte vorgenommen. Nach einem letzten Vergleich zwischen den mit Probanden ermittelten Körperhaltungen und denen des Menschmodells konnten am Menschmodell noch Korrekturen von Körpergelenkstellungen vorgenommen werden. Der Simulationslauf schließlich erbrachte die für die Beanspruchungsanalyse relevanten Körpergelenkwinkel und bildete die Grundlage für weitere Parametervariationen bzw. Optimierungsschritte.

5.6.5 Rechnergestützte Evaluierung der Griffsystemgestaltung

Bei der Evaluierung der Griffgestaltung mit Hilfe des im letzten Abschnitts beschriebenen CAD-Menschmodells wurden die am häufigsten auftretenden Arbeitsaufgaben simuliert (vgl. Kap. 3.4.2). Es sind dies

- der Vertikalschnitt in Bodenhöhe,
- der Vertikalschnitt in Hüfthöhe,
- der Vertikalschnitt in Brusthöhe und
- der Horizontalschnitt in Hüfthöhe.

Betrachtet wurde neben den Auslenkungen von Hand-, Ellenbogen- und Schultergelenk auch diejenigen von Schlüsselbein, Hals-, Brust- und Lendenwirbel. Bei der Simulation wurden verschiedene Körpergrößen (5., 50. und 95. Perzentil männlich) berücksichtigt.

Bild 5.24 zeigt in einer Seitenansicht eine vergleichende Gegenüberstellung der beim Vertikalschnitt in Bodenhöhe eingenommen Körperhaltung für einen Geräteführer (50. Perzentil, männlich) bei Bedienung eines MTS vom Typ A mit altem bzw. neuem Griffsystem. Der günstige Einfluß des beschriebenen Vordergriffs auf Körperhaltung und Armstellung ist klar erkennbar. Die graphische Darstellung der Simulation der anderen o.g. Arbeitsaufgaben ist im Anhang (**Bild A7** bis **A9**) enthalten.

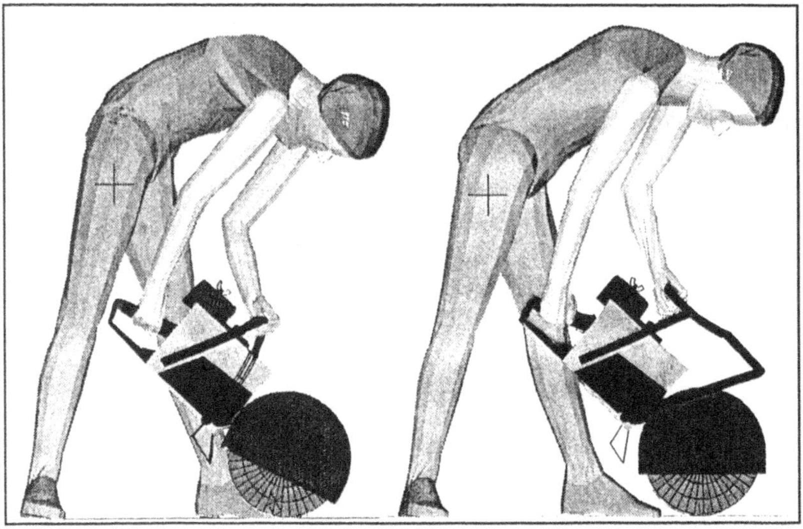

Bild 5.24 Simulierter Vertikalschnitt in Bodenhöhe mit einer männlichen Person (Körpergröße: 50. Perzentil) mit MTS im Originalzustand (links) und mit optimiertem Griffsystem (rechts).

In fast allen Fällen zeigten die Simulationsläufe, daß die Auslenkungen dieser Gelenke beim Arbeiten mit dem optimierten Griffsystem zum Teil deutlich unter denen beim Arbeiten mit dem Griffsystem im Originalzustand liegen. Exemplarisch sind in **Bild 5.25** die Gelenkwinkel eines Geräteführers (Körpergröße 50. Perzentil, männlich) bei Bedienung eines MTS mit Original-, bzw. optimiertem Griffsystem gegenübergestellt. Die dem Simulationslauf für dieses Bild zugrundeliegende Arbeitssaufgabe ist ein Vertikalschnitt in Bodenhöhe.

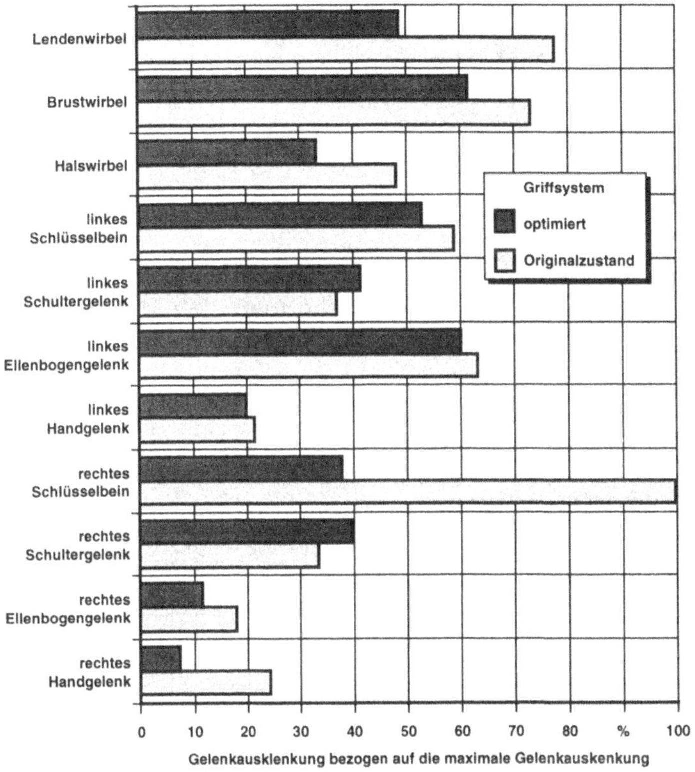

Bild 5.25: Vergleich der Gelenkwinkel bei der simulierten Durchführung eines Vertikalschnitts in Bodenhöhe mit dem MTS im Originalzustand und mit optimiertem Griffsystem (Körpergröße: 50. Perzentil, männlich, rechtshändige Gasbetätigung)

Die entscheidende Verbesserung durch das neue Griffsystem besteht in der starken Reduzierung der Auslenkungen des Hand-Arm-Systems, welches den Gasgriff hält. Dies wird anhand der verringerten Auslenkungen von rechtem Handgelenk (69%), rechtem Ellenbogengelenk (35%) und rechtem Schlüsselbein (38%) deutlich. Gleichzeitig ergibt sich eine geringere Körperbeugung, ersichtlich aus der Reduzierung der Auslenkungen der Lendenwirbel (37%), der Brustwirbel (17%) und der Halswirbel (31%). Daraus resultiert eine erheblich geringere körperliche Beanspruchung bei der Durchführung der Arbeitsaufgabe (vgl. Kap. 3.5.4).

Bei der Simulation weiterer Arbeitsaufgaben ergaben sich neben Verringerungen von Ellenbogen-, Schultergelenken sowie von Hals-, Brust- und Lendenwirbel ebenfalls deutliche Reduzierungen der Handgelenksauslenkungen, dies bedeutet eine Verminderung der Gefahren möglicher vibrationsbedinger Erkrankungen. Die vollständigen Ergebnisse der Überprüfung der Gelenkwinkel bei der Simulation verschiedener Arbeitsaufgaben für unterschiedliche Körpergrößen sind im Anhang (**Tabelle A15** bis **A18**) enthalten.

5.6.6 Prototypische Umsetzung der optimierten Griffsystemgestaltung

Nach der rechnerischen Evaluierung des neugestalteten Griffsystems wurde dieses prototypisch umgesetzt. Als Versuchsträger wurde ein Gerät vom Typ A gewählt, bei dem die Originalgriffe durch Musteranfertigungen der neu gestalteten Griffe ersetzt wurden. In einer weiteren Felduntersuchung auf 25 Baustellen in Großbritannien wurden insgesamt 10 mit dem neuen Griffsystem ausgerüstete MTS über einen Zeitraum von mehreren Monaten einem ausgiebigen Praxistest unterzogen. Dabei wurde deren Eignung unter verschiedenen Arbeits- und Einsatzbedingungen überprüft.

Die Auswertung der durchgeführten Befragung ergab, daß 85 % der 56 Befragten das neue Griffsystem auf einer fünf-stufigen Rangskala ('viel schlechter' bis 'viel besser') im Vergleich zu bisherigen Griffgestaltung von MTS als 'viel besser' bewerteten und in diesem neuen Griffsystem eine deutliche Verbesserung ihrer Arbeitsbedingungen sehen. **Bild 5.26** zeigt ein Gerät vom Typ A mit optimiertem Griffsystem im Einsatz.

Bild 5.26: Gerät mit optimiertem Griffsystem im Einsatz, Vertikalschnitt in Bodenhöhe

6 Zusammenfassung

Das Arbeiten mit benzinmotorgetriebenen Trennschleifern (MTS) ist als hochbelastend einzustufen. Die Belastungs- und Beanspruchungssituation beim Handhaben dieser Geräte wurde, trotz der Tatsache, daß diese Geräte seit mehr als 20 Jahren im gewerblichen Bereich eingesetzt werden, noch in keiner Weise untersucht. Beim Betrieb von MTS treten insbesondere hohe Schwingungsbelastungen auf. Es werden WAS-Werte von bis zu 15 m/s^2 erreicht, welche einen wirtschaftlichen Einsatz dieser Geräte nur mit dem Risiko gesundheitlicher Schädigungen erlauben. Die Arbeit verfolgte daher das Ziel, die Schwingungsbelastung durch Entwicklung geeigneter technischer Maßnahmen zu reduzieren.

Zu Beginn dieser Arbeit wurden die Arbeits- und Einsatzbedingungen von MTS im Rahmen von Feldversuchen erfaßt und einer qualitativen, arbeitswissenschaftlichen Betrachtung unterzogen. Die Ergebnisse dieser Untersuchung zeigen, daß die Geräteführer neben hohen Schwingungs- und Lärmemissionen auch einer hohen körperlichen Belastung ausgesetzt sind. Diese resultiert aus der ungünstigen, oftmals nicht beeinflußbaren Lage der Werkstücke und der mangelhaften, nicht auf die Erfüllung der Arbeitsaufgabe ausgerichteten Gestaltung der Mensch-Geräte-Schnittstelle. Zusätzlich treten Belastungen durch Abgase und Schleifstaub sowie durch klimatische Umgebungsbedingungen auf.

Nach Erarbeitung des derzeitigen Kenntnisstandes über Ursachen und Entstehung vibrationsbedingter Erkrankungen wurden im Rahmen experimenteller Laborversuche die relevanten Einflußfaktoren auf die Schwingungsbelastung quantitativ erfaßt. Es zeigt sich, daß die beim Betrieb von MTS auftretende Schwingungsbelastung im wesentlichen durch die vom Verbrennungsmotor und der Rotation der Trennscheibe verursachten Vibrationen gekennzeichnet ist. Dabei stellen die Schwingungen der Trennscheibe, je nach vorhandener statischer Unwucht, einen dominanten Teil dar. Es wurde untersucht, in welchen Größenordnungen statische Unwuchten auftreten, ob sich während der Standzeit Änderungen der Unwuchten ergeben und inwieweit sich diese auf die Schwingungsbelastung auswirken. Es zeigte sich, daß neben der Größe der Trennscheibenunwucht auch der Abstand zwischen Trennscheibenebene und Gerät von Bedeutung ist.

Darüber hinaus nehmen die Geräteführer infolge unterschiedlicher Hand-Arm-Ankopplungsintensität Einfluß auf die Erfassung der Schwingungsbelastung. Zur Substitution der Probanden und gleichzeitigen Schaffung reproduzierbarer Bedingungen für die Schwingungsmessung wurde ein mechanisches Hand-Arm-Ersatzsystem entwickelt und dessen Eignung experimentell validiert.

Die am Beispiel eines serienmäßigen MTS vorgestellte Entwicklung technischer Maßnahmen betrifft sowohl die Optimierung des Anti-Vibrations-Systems als auch die Neugestaltung der Handgriffe. In beiden Fällen wurden numerische Simulationsverfahren eingesetzt.

Zur Abschätzung weiterer technischer Parameter sowie der Konzeption eines optimierten Systems zur Dämpfung der von Motor und Trennscheibe verursachten Schwingungen wurde ein Schwingungsersatzsystem modelliert, das bzgl. des Schwingungsverhaltens und der sich in der Simulation ergebenden Schwingbeschleunigungswerte eine hohe Übereinstimmung mit der Realität aufweist. Anhand des Modells wurden einzelne technische Maßnahmen zur Schwingungsminderung bzgl. ihrer Effizienz untersucht und in das Gesamtkonzept eines optimierten AV-Systems überführt. Die Validierung der mit Hilfe der numerischen Schwingungssimulation errechneten hohen Reduzierungen der Schwingungsbelastung fand anhand eines Prototyps statt. Im Vergleich zum Ausgangszustand konnten Verringerungen der Schwingungsbelastung bis zu 72% am Vordergriff sowie bis zu 83% am Gasgriff erzielt werden.

Abschließend erfolgte eine Neugestaltung der Handgriffe unter ergonomischen Gesichtspunkten mit dem Ziel, die bei der Durchführung unterschiedlicher Arbeitsaufgaben sich ergebenden ergonomisch ungünstigen Stellungen von Hand- und Ellenbogengelenken auszuschließen und die bislang bei Vertikalschnitten in Bodenhöhe erforderlichen Rumpfbeugungen zu verringern. Die ergonomische Qualität des neugestalteten Griffsystems wurde mit Hilfe eines rechnergestützten CAD-Menschmodells überprüft.

7 Schrifttum

7.1 Literatur

/1/ Adler, U. (Red.):
Kraftfahrtechnisches Taschenbuch/ Hrsg. v. Robert Bosch GmbH.
20. Aufl. Düsseldorf: VDI-Verlag, 1987.

/2/ Advanced Graphics Software AGS:
CADKEY. Version 6.
Leonberg: AGS, 1993. - Benutzerhandbuch

/3/ Andersson, R.; Hellsten, M.; Westerdahl, B.; Byggsforskningsrädet (Hrsg.):
Ergonomische Untersuchungen über Arbeitsbedingungen in Leitungsgräben.
Stockholm, 1980.

/4/ Beitz, W.; Küttner, H.-H. (Hrsg.):
Taschenbuch für den Maschinenbau /Dubbel. 14. vollst. neu bearb. u. erw. Aufl. Berlin: Springer, 1981.

/5/ Bloch, G.:
Beiträge zur Analyse und Synthese eines Mensch-Maschine-Systems - dargestellt am Beispiel der Motorsäge.
Hamburg: Wiedebusch, 1984 (Mitteilungen der Bundesforschungsanstalt für Forst- und Holzwirtschaft Hamburg, Nr. 147).

/6/ Bloch, G.W.; Eisenhauer, G.:
Gefährdungsschwerpunkte der Motorsägenarbeit aus der Sicht der Waldarbeiter. In: Forstarchiv 51 (1980), Nr. 10, S. 213-216.

/7/ Bloch, G.W.; Kaminsky, G.; Eisenhauer, G.:
Untersuchung und Maßnahmen zur Humanisierung der Motorsägenarbeit / Institut für Arbeitswissenschaft der Bundesforschungsanstalt für Forst- und Holzwirtschaft. Karlsruhe: Fachinformationszentrum, 1985. - Forschungsbericht. BMFT, Projektträger Humanisierung des Arbeitslebens. Identifikation BMFT-FB-HA 85-001.

/8/ Bovenzi, M.:
Response of Finger Systolic Pressure to Cold Provocation in Healthy Subjects and in Raynaud's Phenomenon of Occupational Origin.
In: Proc. of the 6th International Conference on Hand-Arm Vibration, 19.-22. Mai 1992, Bonn/ Hrsg. v. Hauptverband der gewerblichen Berufsgenossenschaften, Berufsgenossenschaftliches Institut für Arbeitssicherheit.
St. Augustin: HVBG, 1993, S. 75-80.

/9/ Bullinger, H.-J.; Muntzinger, W.-F.:
Reduction of Vibration Stress with Hand-operated Mowing Machines. In: Proc. of the 9th International Ergonomics Association, 2.-6. September 1985, Bournemouth, England/ Hrsg. v. I.D. Brown. London: Taylor & Francis, 1985, S. 532-534.

/10/ Bullinger, H.-J.; Muntzinger, W.F.; Lauster, P.:
Numeric Simulation of Hand-transmitted Vibrations. In: Advances in Industrial Ergonomics and Safety I: Proc. of the Annual International Industrial Ergonomics and Safety Conference, 5.-9. Juni 1989, Cincinnati, Ohio, USA/ Hrsg. v. Anil Mital. London: Taylor & Francis, 1989, S. 575-582.

/11/ Bullinger, H.-J.; Solf, J. J.; Bundesanstalt für Arbeitsschutz und Unfallforschung (Hrsg.):
Ergonomische Arbeitsmittelgestaltung I: Systematik / Fraunhofer-Institut für Produktionstechnik und Automatisierung, REFA-Institut Ludwigsburg. Bremerhaven: Wirtschaftsverlag NW, 1979 (Forschungsbericht Nr. 196 der Bundesanstalt für Arbeitsschutz und Unfallforschung)

/12/ Bullinger, H.-J.; Solf, J. J.; Bundesanstalt für Arbeitsschutz und Unfallforschung (Hrsg.):
Ergonomische Arbeitsmittelgestaltung II: Handgeführte Werkzeuge - Fallstudien / Fraunhofer-Institut für Produktionstechnik und Automatisierung, REFA-Institut Ludwigsburg. Bremerhaven: Wirtschaftsverlag NW, 1979. (Forschungsbericht Nr. 197 der Bundesanstalt für Arbeitsschutz und Unfallforschung)

/13/ Bullinger, H.-J.:
Arbeitswissenschaft, Teil I und II - Manuskript zur Vorlesung. Stuttgart, Universität, IAT, 1993.

/14/ Christ, E.:
Geringere Hand-Arm-Schwingungsbelastung durch Schutzhandschuhe?. In: Die Berufsgenossenschaft (1982), Nr. 8, S. 458-461.

/15/ Christ, E.:
Minderung der Schwingungseinwirkung bei vibrierenden handgeführten Arbeitsgeräten. In: Die Berufsgenossenschaft (1986 a), Nr. 1, S. 15-20.

/16/ Christ, E.:
Schutz vor Vibrationseinwirkung durch Schutzhandschuhe, vibrationsdämpfende Fahrersitze und Antivibrations-Schutzhandschuhe. In: Die Berufsgenossenschaft 11 (1986 b), S. 652-657.

/17/ Christ, E.:
Regelwerke und technische Möglichkeiten zum Schutz gegen Hand-Arm-Schwingungen. In: Berichtsband zur Jahrestagung der Deutschen Gesellschaft für Arbeitsmedizin. Stuttgart: Gentner (1984), S. 511-514.

/18/ Christ, E.: Minderung der Schwingungseinwirkung bei vibrierenden handgeführten Arbeitsgeräten. In: Die Berufsgenossenschaft (1986), S. 15-20.

/19/ Christ, E.; Berufsgenossenschaftliches Institut für Arbeitssicherheit BIA (Hrsg.):
Schwingungsbelastungen an Arbeitsplätzen: Kennwerte der Hand-Arm und Ganzkörper-Schwingungsbelastung. St. Augustin: BG, 1988 (BIA-Report 2/88). - Forschungsbericht.

/20/ Clauß, R.; Keil, A.; Maißer, P.; Wolf, C.-D.:
Dynamik-Simulation ausgewählter Klassen von Starrkörper-Systemen mit Anwendungen in der Manipulator-/Robotertechnik. Karl-Marx-Stadt: AdW der DDR, Insitut für Mechanik, 1986 (Report R-Mech 02/86). - Forschungsbericht.

/21/ Cronjäger, L.; Hesse, M.; Zeglam-Verch, I.; Michel, O.:
Auswirkungen der Ankopplungsintensität zwischen Hand und Handgriff vibrierender Arbeitsgeräte auf die Schwingungsbelastung und -beanspruchung des Hand-Arm-Systems: Teil 1: Schwingungstechnischer Teil. Dortmund: Universität, ISF, 1990. - Forschungsbericht. BMFT, Projektträger Humanisierung des Arbeitslebens. Identifikation 01 HK 595 8.

/22/ Cronjäger, L.; Jahn, R.:
Erarbeitung von technischen Prüfverfahren zur Bestimmung der Schwingungsbelastung beim Arbeiten mit handgeführten Bohrhämmern und Schlagbohrmaschinen. Dortmund: Universität, ISF, 1985. - Forschungsbericht. BMFT, Hauptverband der gewerblichen Berufsgenossenschaften e.V., Projektträger Humanisierung des Arbeitslebens.

/23/ Cronjäger, L.; Jahn, R.; Riederer, H.; Minister für Wissenschaft und Forschung (Hrsg.):
Entwicklung eines Versuchsstandes zur reproduzierbaren Messung der Vibration schlagender handgeführter Maschinen / Inst. f. Spanende Fertigung, Universität Dortmund. Opladen: Westdeutscher Verlag, 1984 (Forschungsberichte des Landes Nordrhein-Westfalen; Nr. 3185: Fachgruppe Maschinenbau, Verfahrenstechnik)

/24/ Cronjäger, L.; Zeglam-Verch, I.; Gillmeister, F.:
Measurement and Evaluation Methods to Determine the Vibration Attentuation of Resilent Materials. In: Proc. of the 6th International Conference on Hand-Arm-Vibration, 19.-22. Mai 1992, Bonn/ Hrsg. v. Hauptverband der gewerblichen Berufsgenossenschaften, Berufsgenossenschaftliches Institut für Arbeitssicherheit. St. Augustin: HVBG, 1993, S. 747-754.

/25/ Dupuis, H.:
Hand-Arm-Schwingungen und autonomes Zentralnervensystem. In: Arbeitsmedizin Sozialmedizin Präventivmedizin 20 (1985), S. 58-60.

/26/ Dupuis, H.; Bundesanstalt für Arbeitsschutz und Unfallforschung (Hrsg.):
Wirkung mechanischer Schwingungen auf das Hand-Arm-System / Institut für Arbeits- und Sozialmedizin Johannes-Gutenberg-Universität Mainz. Bremerhaven: Wirtschaftsverlag NW, 1982 (Schriftenreihe der Bundesanstalt für Arbeitsschutz, Fb 308). - Forschungsbericht.

/27/ Dupuis, H.; Hartung, E.; Hammer, W.:
Biomechanisches Verhalten, Muskelreaktion und subjektive Wahrnehmung bei Schwingungserregung der oberen Extremitäten zwischen 8 und 80 Hz. In: Int. Arch. Occup. Environ. Hlth. (1976), Nr. 37, S. 9-34.

/28/ Dupuis, H.; Hartung, E.; Christ, E.; Konietzko, H.; Bundesanstalt für Arbeitsschutz (Hrsg.):
Mechanische Schwingungen: Kenntnisstand über Beanspruchung, Belastung, Minderung und Richtwerte / Inst. f. Arbeits- und Sozialmedizin Johannes-Gutenberg-Universität Mainz, Berufsgenossenschaftliches Institut für Arbeitssicherheit, Fachbereich IV St. Augustin. Bremerhaven: Wirtschaftsverlag NW, 1988 (Schriftenreihe der Bundesanstalt für Arbeitsschutz, Fb 552). - Forschungsbericht.

/29/ Dupuis, H.; Hauptverband der gewerblichen Berufsgenossenschaften e.V. (Hrsg.):
Hand-Arm-Schwingungen: Untersuchung zu vibrationsbedingten Durchblutungsstörungen der Hände / Inst. f. Arbeits- und Sozialmedizin, Arbeitsgruppe Ergonomie, Johannes-Gutenberg-Universität Mainz. St. Augustin: BG, 1986. - Forschungsbericht.

/30/ Eckert, R.:
Griff zum Führen und Tragen von handgeführten, motorgetriebenen Geräten. Deutsches Patentamt, Aktenzeichen DE P 4332986, 1993.

/31/ Eckert, R.:
Griff zur Kontrolle relevanter Funktionen für handgeführte, motorgetriebene Geräte mit drehbar gelagerter Bedienungseinheit. Deutsches Patentamt, Aktenzeichen DE P 4332988.8., 1993.

/32/ Eckert, R.:
Schwingungsdämpfende Lagerung für motorgetriebene, handgehaltene Geräte. Deutsches Patentamt, Aktenzeichen DE P 4416044.5, 1994.

/33/ Eckert, R.; Bullinger, H.-J.; Bauer, W.:
Low-Vibration-Tools: Effect and Reduction of Vibrations in Motor Mowing Machines. In: Proc. of the Second International Conference on Machine Dynamics and Engineering Applications (ICMDEA), 23. - 25. October 1992, Zhenjiang, PR China/ Hrsg. v. Y. Junyi; J. Ruiqi; Z. Baorong. Nanjing, PR China: Southeast University Press, 1992, S. 345-356.

/34/ Eckert, R.; Lauster, P.:
Einfluß der Greifkraft bei Schwingungsmessungen. In: Industrieanzeiger 102 (1990), S. 32-33.

/35/ Eckert, R.; Muntzinger, W.F.:
Entwicklung eines mechanischen Hand-Arm-Simulators. In: Industrieanzeiger 87 (1989), S. 36-45.

/36/ Eisenbach, B.; Spannhake, B.; Bundesanstalt für Arbeitsschutz (Hrsg.):
Bauarbeitsbedingungen in den Ländern der Europäischen Gemeinschaft. Bremerhaven: Wirtschaftsverlag NW, 1983 (Schriftenreihe der Bundesanstalt für Arbeitsschutz, Fb 365). - Forschungsbericht.

/37/ Ess, L.:
Akute Auswirkungen von Lärm-, Schwingungs- und statischer Muskelbelastung auf die periphere Fingerdurchblutung. Mainz, Johannes-Gutenberg-Univ., Diss. 1-76, 1983.

/38/ Federn, K.:
Auswuchttechnik I: Grundlagen und allgemeine Richtlinien. In: Werkstattblätter, Nr. 464. Darmstadt: Fikentscher. - Losebl.-Ausg., Lfg. 115. Stand: April 1985.

/39/ Federn, K.:
Auswuchttechnik II: Erfahrungswerte, Richtlinien und Prüfmethoden für die Genauigkeit beim Auswuchten. In: Werkstattblätter, Nr. 473. Darmstadt: Fikentscher. - Losebl.-Ausg., Lfg. 117. Stand: August 1985.

/40/ Freudenberg:
Standard-Bauelemente für die Schwingungsisolation:
Carl Freudenberg, Sparte Schwingungstechnik, Freudenberg-Megulastik, Weinheim, 1993. - Firmenschrift.

/41/ Fritz, M.:
Ermittlung von Beanspruchungen des Hand-Arm-Systems bei Schwingungsbelastungen mit Hilfe von biomechanischen und physiologischen Methoden. Düsseldorf: VDI-Verlag, 1991 (VDI-Fortschrittberichte, Reihe 17, Biotechnik. Nr. 71)

/42/ Fuchs, D.:
Berechnungsverfahren für die freien Kräfte und Momente der Hubkolbenmotoren. In: Motortechnische Zeitschrift 54 (1993), Nr. 1, S. 30-36.

/43/ Geis, W.:
Ways to Reduce Vibration on Electric Percussion Drills. In: Proc. of the 6th International Conference on Hand-Arm-Vibration, 19.-22. Mai 1992, Bonn/ Hrsg. v. Hauptverband der gewerblichen Berufsgenossenschaften, Berufsgenossenschaftliches Institut für Arbeitssicherheit. St. Augustin: HVBG, 1993, S. 727-738.

/44/ Gemne, G.; Taylor, W. (Hrsg.):
Hand-Arm-Vibration and the Central Autonomic Nervous System. In: J. f. Low-frequency Noise and Vibration, Spec. issue 1 (1983), S. 129-134.

/45/ Göbel, E.F.:
Gummifedern, Berechnung und Gestaltung. 3. neu bearb. u. erw. Aufl. Berlin: Springer, 1969 (Konstr.-Bücher Nr. 7.).

/46/ Grandjean, E.:
Physiologische Arbeitsgestaltung. 4. Aufl. Landsberg/L.: ecomed, 1991.

/47/ Griffin, M.J.; Macfarlane, C.R.; Norman, C.D.:
The Transmission of Vibration to the Hand and the Influence of Gloves. In: Vibration Effects of the Hand and Arm in Industry/ Hrsg. v. A.J. Brammer; W. Taylor. New York: Wiley, 1982, S. 103-117.

/48/ Gritsko, N.; Shulga, V.; Ivanova, L.; Basova, T.; Benevolenskaya, N.:
Constitutional Type as a Factor of Risk of Developing Vibration Disease under Hand-Arm Vibration Exposure. In: Proc. of the 6th International Conference on Hand-Arm-Vibration, 19.-22. Mai 1992, Bonn/ Hrsg. v. Hauptverband der gewerblichen Berufsgenossenschaften, Berufsgenossenschaftliches Institut für Arbeitssicherheit. St. Augustin: HVBG, 1993, S. 135-142.

/49/ Harada, N.; Iwamoto, M.; Hirosawa, I.; Ishii, F.; Yoneda, J.; Morie, T.; Nakamoto, M.:
Combined Effect of Noise, Vibration and Cold Exposures on the Autonomic Nervous System. In: Proc. of the 6th International Conference on Hand-Arm Vibration, 19.-22. Mai 1992, Bonn/ Hrsg. v. Hauptverband der gewerblichen Berufsgenossenschaften, Berufsgenossenschaftliches Institut für Arbeitssicherheit. St. Augustin: HVBG, 1993, S. 465-473.

/50/ Hartung, E.; Dupuis, H.; Bundesanstalt für Arbeitsschutz (Hrsg.):
Maßnahmen zur Reduzierung der Schwingungsbelastung bei der Arbeit mit Motorkettensägen. Dortmund: BAU, 1987. (Arbeitswissenschaftliche Erkenntnisse, Nr. 34.)

/51/ Hartung, E.; Dupuis, H.; Scheffer, M.:
Acute Effects of Vibration Depending on Different Coupling Forces of the Hand. In: Proc. of the 6th International Conference on Hand-Arm Vibration, 19.-22. Mai 1992, Bonn/ Hrsg. v. Hauptverband der gewerblichen Berufsgenossenschaften, Berufsgenossenschaftliches Insitut für Arbeitssicherheit. St. Augustin: HVBG, 1993, S. 437-449.

/52/ Hauptverband der gewerblichen Berufsgenossenschaften (Hrsg.):
Geschäfts- und Rechnungsergebnisse der gewerblichen Berufsgenossenschaften im Jahre 1992. Sankt Augustin: HVBG, 1993.

/53/ Hecker, R.; Jahn, R.; Riederer, H.:
Eigenschaften von mechanischen Ersatzmodellen für das menschliche Hand-Arm-System. In: Technische Überwachung 24 (1983), Nr. 4, S. 151-155.

/54/ Hecker, R.; Riederer, H.:
Reduzierung der Lärm- und Vibrationsbelastung beim Arbeiten mit elektrischen Bohr- und Schlaghämmern / Lehrstuhl für Spanende Fertigungsverfahren, Universität Dortmund. Karlsruhe: Fachinformationszentrum, 1985.
- Forschungsbericht. BMFT, Projektträger Humanisierung des Arbeitslebens. Identifkation BMFT-FB-HA 85-009.

/55/ Heeg, S.; Biefang, S.; Fliedner, T.:
Arbeit und Gesundheit am Bau: Zusammenfassung einer Untersuchung zu Arbeitsbelastungen, berufstypischen Gesundheitsrisiken und Möglichkeiten der Prävention bei ausgewählten Bauberufen. Stuttgart: Thieme, 1989.

/56/ Hesse, M.:
Die Antwort des Hand-Arm-Systems auf stochastische Erregung und ihre Anwendung im Schwingungsschutz. Dortmund, Universität, Diss., 1989.

/57/ Hohmann, B.W.; Thali, R.:
Measurement of the Vibration Attentuation Provided by Gloves. In: Proc. of the 6th International Conference on Hand-Arm-Vibration, 19.-22. Mai 1992, Bonn/ Hrsg. v. Hauptverband der gewerblichen Berufsgenossenschaften, Berufsgenossenschaftliches Institut für Arbeitssicherheit. St. Augustin: HVBG, 1993, S.765-774.

/58/ Holland, U.:
Vibrationsbelastung an Bauarbeitsplätzen. In: Mitteilungen d. Württ. Bau-Berufsgenossenschaften (1992), Nr. 3, S. 18-23.

/59/ Iki, M.; Ishizaki, H.; Pyykkö, I.; Aalto, H.; Starck, J.:
Effects of Chain Saw Noise and Vibration on Postural Stability. In: Proc. of the 6th International Conference on Hand-Arm Vibration, 19.-22. Mai 1992, Bonn/ Hrsg. v. Hauptverband der gewerblichen Berufsgenossenschaften, Berufsgenossenschaftliches Institut für Arbeitssicherheit. St. Augustin: HVBG, 1993, S. 499-506.

/60/ IST GmbH:
Anthropos. Groß-Rohrheim: Eigenverlag, 1993. - Benutzerhandbuch.

/61/ Jahn, R.; Riederer, H.:
Entwicklung einer nachgiebigen Bohrhammerankopplung für den Einsatz in Testbohrständen. In: Industrieanzeiger (1983), Nr. 101/102, S. 31-32.

/62/ Janssen, J. et al.:
Arbeitsbedingungen der Bauarbeiter: Veränderungstendenzen unter dem Einfluß bautechnischer Entwicklungen. Frankfurt am Main: Campus,1983 (Campus Forschung, Bd. 334).

/63/ Jörn, R.; Lang, G.:
Schwingungsisolierung mittels Gummifedern. Düsseldorf: VDI-Verlag, 1968 (VDI-Fortschrittberichte Reihe 11. Nr. 6).

/64/ Kaulbars, U.; Christ, E.; Berufsgenossenschaftliches Institut für Arbeitssicherheit BIA (Hrsg.):
Messung und Bewertung der Schwingungsbelastung an Arbeitsplätzen der gewerblichen Wirtschaft: Leitfaden für die Praxis. St. Augustin: BG, 1988 (BIA-Report 1/88). - Forschungsbericht.

/65/ Kaulbars, U.; Scheffer, M.; Hauptverband der gewerblichen Berufsgenossenschaften e.V. (Hrsg.):
Hand-Arm-Schwingungen III: Wirkung von Greif- und Andruckkraft unter Schwingungsbelastung / Berufsgenossenschaftliches Institut für Arbeitssicherheit, Fachbereich Lärm - Vibration St. Augustin, Inst. f. Arbeits- und Sozialmedizin, Arbeitsgruppe Ergonomie, Johannes-Gutenberg-Universität Mainz. St. Augustin: HVBG, 1992. - Forschungsbericht

/66/ Kern, P.:
Schwingungsbelastung beim Arbeiten mit handgeführten, einachsigen Motormähgeräten. Berlin: Springer, 1987 (IPA-IAO Forschung und Praxis. Bd. 111)

/67/ Klimmer, F.; Schwarzlose, H.; Rutenfranz, J.:
Untersuchung zur Belastung und Beanspruchung bei Mäharbeiten im Straßenunterhaltungsdienst. In: Zs. für Arbeitswissenschaft 36 (8. NF) (1982), Nr. 3, S. 164-169.

/68/ Landwehr, G.; Kramer, K.; Vonderau, W.:
Schwingungsprobleme bei handgeführten Einmann-Motorsägen. In: VDI-Berichte (1982), Nr. 456, S. 61-70.

/69/ Landwehr, G. et. al.; Bundesministerium für Forschung und Technologie (Hrsg.):
Maßnahmen zur Humaisierung der Motorsägenarbeit. Karlsruhe: Fachinformationszentrum, 1986. - Forschungsbericht. Projekträger Humanisierung des Arbeitslebens. Identifikation BMFT-FB-HA 86-003.

/70/ Landwehr, G.:
Technische Maßnahmen zur Reduzierung der Schwingungsbelastung bei der Motorsägenarbeit. In: Mechanische Schwingungen als Belastungen in der Arbeitswelt: Vorträge zum Statusseminar, 11.-12. September 1989, Bonn/ Hrsg. v. Projektträger Humanisierung des Arbeitslebens. Bremerhaven: Wirtschaftsverlag NW, 1989.

/71/ Lauster, P.; Eckert, R. et al.:
Analyse der Belastungs- und Beanspruchungssituation beim Arbeiten mit handgeführten, einachsigen Arbeitsgeräten für die Bodenbearbeitung und Ableitung von technischen und organisatorischen Gestaltungsmaßnahmen / Fraunhofer-Institut f. Arbeitswirtschaft und Organisation, Universität Hohenheim. Stuttgart: FhG, 1993. - Forschungsbericht. BMFT, Projektträger Arbeit und Technik. Identifikation 01 HK 119 /7.

/72/ Lehmann, G.:
Praktische Arbeitsphysiologie. Stuttgart: Thieme, 1953.

/73/ Lindqvist, B.:
Vibration Control of Hand-held Power Tools. In: Proc. of the 6th International Conference on Hand-Arm-Vibration, 19.-22. Mai 1992, Bonn/ Hrsg. v. Hauptverband der gewerblichen Berufsgenossenschaften, Berufsgenossenschaftliches Institut für Arbeitssicherheit. St. Augustin: HVBG, 1993, S. 739-744.

/74/ Lippmann, R.:
Rechnergestützte Ergonomie-Methoden für den Praktiker - Teil 1. In: REFA-Nachrichten (1993), Nr. 3, S. 30-35.

/75/ Lippmann, R.:
Rechnergestützte Ergonomie-Methoden für den Praktiker: Teil 2. In: REFA-Nachrichten (1993), Nr. 4, S. 4-9.

/76/ Mackworth, H.H.:
Researches on the Measurements of Human Performance. London: Med. Res. Council, 1950 (Special Report Series No. 268, H.M.S.O).

/77/ Maißer, P. et. al.:
Alaska - (Advanced Lagrangian Solver in Kinetic Analysis). Version 2.0. Chemnitz: Institut für Mechatronik e.V., 1993. - Benutzerhandbuch.

/78/ Maißer, P.:
A Differential-Geometric Approach to the Multi Body Systems Dynamics. In: Zs. f. angew. Math. Mech. 71 (1991), Nr. 4, S. 116-119.

/79/ Maißer, P.:
Analytische Dynamik von Mehrkörpersystemen.
In: Zs. f. angew. Math. Mech. 68 (1988), Nr. 10, S. 463-481.

/80/ Maißer, P.; Wolf, C.-D.; Keil, A.; Hendel, K.:
DMKS 90: Software zur Simulation der Dynamik von Mehrkörpersystemen. Chemnitz: AdW der DDR, Institut für Mechanik, 1990 (Report R-Mech 31/90). - Forschungsbericht.

/81/ Meltzer, G.:
A Vibration Model for the Human Hand-Arm-System. In: Proc. of the International Symposium 'Man under Vibration - Suffering and Protection', 3.-6. April 1979, Udine, Italy.

/82/ Miwa, T.; Yonekawa, Y.:
Measurement and Vibrations Generated from Portable Vibrating Tools. In: Ind. Hlth. 12 (1974), S. 1-21.

/83/ Münnich, H.:
Beitrag zur Sicherheit von umlaufenden Schleifkörpern. Höxter/Weser: Ummen [in Komm.], 1956. Zugl. Hannover, TH, Diss., 1956.

/84/ Muntzinger, W.F.; Lorenz, D.; Lauster, P. et al.:
Ermittlung der Belastungs- und Beanspruchungssituation beim Arbeiten mit handgeführten Motormähgeräten für die Ableitung eines Prüfverfahrens zur Schwingungsbelastung / Fraunhofer Institut für Arbeitswirtschaft und Organisation, Fachgebiet Arbeitswissenschaft der Universität Hohenheim. Bonn: BMFT, 1989. - Forschungsbericht. BMFT, Projektträger Arbeit und Technik. Identifikation 01 HK 535/9.

/85/ Nilsson, A.; Olsson, E.:
Test Rig for Vibration Control on Chain Saws. Lulea: University of Lulea, Sweden, 1978 (Technical Report Nr. 49T).

/86/ Okada, A.; Nakamura, H.:
Some Features of Peripheral Circulatory and Nervous Function in Workers with Hand-held Vibratory Tools. In: Proc. of the 6th International Conference on Hand-Arm-Vibration, 19.-22. Mai 1992, Bonn/ Hrsg. v. Hauptverband der gewerblichen Berufsgenossenschaften, Berufsgenossenschaftliches Institut für Arbeitssicherheit. St. Augustin: HVBG, 1993, S. 37-60.

/87/ Rens, G.; Dubrulle, P.; Malchaire, J.:
Efficiency of Conventional Gloves against Vibration. In: Ann. occup. Hyg. 31 (1987), Nr. 2, S. 249-254.

/88/ Reynolds, D.D.; Falkenberg R.J.:
A Study of Hand Vibration on Chipping and Grinding Operators : Part II: Four-Degree-of-Freedom Lumped Parameter Model of the Vibration Response of the Human Hand. In: J.Sound.Vib. 95 (1984), Nr. 4, S. 499-514.

/89/ Rohmert, W.:
Untersuchung über Muskelermüdung und Arbeitsplatzgestaltung. Berlin: Beuth, 1967.

/90/ Sämann, W.:
Charakteristische Merkmale und Auswirkungen ungünstiger Arbeitshaltungen. Berlin: Beuth, 1970 (Schriftenreihe Arbeitswissenschaft und Praxis, Bd. 17)

/91/ Schäfer, N.; Dupuis, H.; Hartung, E.; Bundesanstalt für Arbeitsschutz und Unfallforschung (Hrsg.):
Schwingungsminderung am Arbeitsplatz / Inst. f. Arbeits- und Sozialmedizin, Arbeitsgruppe Anthropotechnik/Ergonomie Johannes-Gutenberg-Universität Mainz. Bremerhaven: Wirtschaftsverlag NW, 1982 (Schriftenreihe der Bundesanstalt für Arbeitsschutz, Fb 305). - Forschungsbericht im Auftrag des Bundesministers für Arbeit und Sozialordnung.

/92/ Scheffer, M.; Hauptverband der gewerblichen Berufsgenossenschaften e. V. (Hrsg.):
Hand-Arm-Schwingungen II: Periphere Durchblutungsänderungen unter kombinierter Kälte- und Schwingungsbelastung / Inst. f. Arbeits- und Sozialmedizin, Arbeitsgruppe Ergonomie, Johannes-Gutenberg-Universität Mainz. St. Augustin: HVBG, 1988. - Forschungsbericht.

/93/ Schenk:
Betriebsanleitung für Auswuchtmaschine, Typ H3 BU Darmstadt, 1989 (F2447). - Firmenschrift.

/94/ Schiehlen, W. O. (Hrsg.):
Multibody Systems Handbook. Berlin: Springer, 1990.

/95/ Schiehlen, W. O.:
Technische Dynamik. Stuttgart: Teubner, 1985.

/96/ Schmid, W.:
Mathematisches Modell der Hand-Arm-Impedanz. In: Automobil-Industrie (1989), Nr. 6, S. 737-739.

/97/ Schmidtke, H.
Ergonomie. München: Hanser, 1993.

/98/ Schultetus, W.:
Montagegestaltung : Daten, Hinweise und Beispiele ergonomischer Arbeitsgestaltung. Köln: TÜV Rheinland, 1980.

/99/ Schwarze, S.; Jansen, G.:
Fingeroscillometry in Diagnostics of VWF Disease. In: Proc. of the 6th International Conference on Hand-Arm Vibration, 19.-22. Mai 1992, Bonn/ Hrsg. v. Hauptverband der gewerblichen Berufsgenossenschaften, Berufsgenossenschaftliches Institut für Arbeitssicherheit. St. Augustin: HVBG, 1993, S. 93-100.

/100/ Schwarzlose, H.:
Beanspruchung durch Hand-Arm-Vibration bei niedriger Umgebungstemperatur. In: Z. Arb.wiss. (1986), Nr. 1, S.19-22.

/101/ Schwarzlose, H.:
Vorkommen von Hand-Arm-Vibrationen bei beruflichen Tätigkeiten. In: Zs. für Arbeitswissenschaft 35 (7. NF) (1981), Nr. 4, S. 227-234.

/102/ Schwarzlose, H.:
Zur Beanspruchung des Menschen durch Hand-Arm-Vibration bei verschiedenen Umgebungstemperaturen unter besonderer Berücksichtigung der Tätigkeit von Steinmetzen. Düsseldorf: VDI-Verlag, 1983 (Fortschrittberichte der VDI-Zeitschriften, Reihe 11, Schwingungstechnik/ Lärmbekämpfung. Nr. 55)

/103/ Smagowska, B.; Liwkowicz, J.:
The Measurement of Antivibration Properties of Polymeric Materials. In: Proc. of the 6th International Conference on Hand-Arm-Vibration, 19.-22. Mai 1992, Bonn/ Hrsg. v. Hauptverband der gewerblichen Berufsgenossenschaften, Berufsgenossenschaftliches Institut für Arbeitssicherheit. St. Augustin: HVBG, 1993. S. 755-763.

/104/ Spannhake, B.; Geschäftsführung des Wirtschaft- und Sozialwissenschaftlichen Instituts des DGB (WSI) (Hrsg.):
Arbeitsbedingungen und Humanisierung in der Bauwirtschaft. Düsseldorf: WSI, 1986. - Forschungsdokumentation.

/105/ Starck, J.; Koskimies, K.; Pekkarinen, J.; Toppila, E.; Inaba, R.; Färkkila, M.:
Chain Saw Vibration and Changes in the Prevalence of Vibration Syndrome During 1972 to 1990. In: Proc. of the 6th International Conference on Hand-Arm-Vibration, 19.-22. Mai 1992, Bonn/ Hrsg. v. Hauptverband der gewerblichen Berufsgenossenschaften, Berufsgenossenschaftliches Institut für Arbeitssicherheit. St. Augustin: HVBG, 1993, S. 339-345.

/106/ Thiele, H.:
Berufskrankheiten: Verhüten - Erkennen - Betreuen. München: Urban & Schwarzenberg, 1986.

/107/ Thomsen, P.; Bohlmann, V.; Bundesministerium für Forschung und Technologie (Hrsg.):
Reduzierung des Gesamtschallpegels an Motorkettensägen mit dem Ziel der Erstellung eines Gerätes mit einem Schallwert von unter 90 dB(A). Karlsruhe: Fachinformationszentrum, 1980. - Forschungsbericht. Projektträger Humanisierung des Arbeitslebens. Identifikation BMFT-FB-HA 80-004.

/108/ Vitales, M.S.; Smith, K.R.:
An Experimental Investigation of the Effect of Change in Atmospheric Conditions and Noise upon Perfomance. In: Heat., Pip., Air Condit. 18 (1946), S. 107.

/109/ Weichenrieder, A.; Dupuis, H.:
Hörschwellenverschiebung durch Einwirkung von Lärm und Hand-Arm-Vibrationen. Bad Kreuznach: Max-Planck-Institut für Landarbeit und Landtechnik, 1976 (Arbeiten aus dem Max-Planck-Institut für Landarbeit und Landtechnik, Heft A-76/3). - Forschungsbericht. Forschungsauftrag des Bundesministers für Arbeit und Sozialordnung.

/110/ Weinert, K. et al.:
Richtlinien zur Konstruktion von Anti-Vibrations-Systemen für unterschiedliche handgeführte schlagende Maschinen. Dortmund, Universität, ISF, 1993. - Forschungsbericht. BMFT, Projektträger Arbeit und Technik.

/111/ Zeglam-Verch, I.M.:
Konstruktionshilfen für Anti-Vibrations-Griffe handgeführter, vibrierender und schlagender Geräte. Dortmund, Universität, Diss., 1992.

7.2 Normen und Richtlinien

/112/ ANSI-B7.5-1990:
Safety Code for the Construction, Use and Care of Gasoline-powered, Hand-held, Portable, Abrasive Cutting-off Machines.

/113/ CR 1030-24.94.
Hand-arm-vibration - Guidelines for vibration hazards reduction. Brüssel: Europäisches Komitee für Normung CEN, 1994.

/114/ DIN EN 68
04.82.
Handgeführte, motorbetriebene Schleifmaschinen.

/115/ DIN EN 292
11.91.
Sicherheit von Maschinen - Grundbegriffe, allgemeine Gestaltungsleitsätze.
Teil 1: Grundsätzliche Terminologie, Methodik.
Teil 2: Technische Leitsätze und Spezifikationen.

/116/ DIN 483
08.81.
Bordsteine aus Beton.

/117/ DIN 1725 Teil 2
02.86.
Aluminiumlegierungen Gußlegierungen: Sandguß, Kokillenguß, Druckguß, Feinguß
Beiblatt 1 zu DIN 1725 Teil 2
02.86.
Anhaltsangaben über mechanische und physikalische Eigenschaften sowie gießtechnische Hinweise.

/118/ DIN 17100
01.80.
Allgemeine Baustähle.

/119/ DIN EN 28662 Teil 1
01.93.
Handgehaltene motorbetriebene Maschinen: Messung mechanischer Schwingungen am Handgriff.

/120/ DIN 45671
Teil 1: Messung mechanischer Schwingungen am Arbeitsplatz: Schwingungsmesser, Anforderungen, Prüfung, September 1987
Teil 2: Messung mechanischer Schwingungen am Arbeitsplatz: Meßverfahren, September 1987.
Teil 2 A1: Messung mechanischer Schwingungen am Arbeitsplatz: Meßverfahren, Änderung 1, April 1993.

/121/ DIN 45675
Teil 1: Einwirkung mechanischer Schwingungen auf das Hand-Arm-System: Allgemeine Festlegung für die Messung (ersetzt durch DIN EN 28662, Teil 1, Januar 1993), September 1987.
Teil 2: Einwirkung mechanischer Schwingungen auf das Hand-Arm-System: Messungen der Schwingungen von Handkettensägemaschinen, September 1987.
Teil 3: Einwirkung mechanischer Schwingungen auf das Hand-Arm-System: Messung der Schwingungen von Freischneidegeräten mit Verbrennungsmotor, September 1987.
Teil 4: Einwirkung mechanischer Schwingungen auf das Hand-Arm-System: Messung der Schwingungen von Bohrhämmern (vorgesehen zum Ersatz durch DIN ISO 8662, Teil 3, Dezember 1992), September 1987.

Teil 5: Einwirkung mechanischer Schwingungen auf das Hand-Arm-System: Messung der Schwingungen von Schlaghämmern (vorgesehen zum Ersatz durch DIN ISO 8662, Teil 2, Dezember 1992), Dezember 1989.

Teil 8: Einwirkung mechanischer Schwingungen auf das Hand-Arm-System: Messung der Schwingungen von handgeführten, einachsigen Motormähgeräten, Juni 1992.

/122/ DIN 45677
05.93.
Mechanische Eingangsimpedanz des menschlichen Hand-Arm-Systems.

/123/ DIN-Entwurf 45699
Teil 4: Hand-Arm-Schwingungen, Verfahren für die Messung und Bewertung der Schwingungsübertragung von Handschuhen in der Handfläche, (Vorschlag für eine Europäische Norm), September 1993.

/124/ DIN 53 505
06.87.
Härteprüfung nach Shore A und Shore D.

/125/ DIN 59411
07.78.
Kaltgefertigte, geschweißte, quadratische und rechteckige Stahlrohre.

/126/ DIN 69106
06.92.
Schleifkörper aus gebundenem Schleifmittel: Zulässige Unwucht. - Entwurf.

/127/ DIN 69107
07.88.
Schleifkörper aus gebundenem Schleifmittel: Grenzabmaße und Lauftoleranzen.

/128/ DSA 101
10.92.
Grundsätze für die Zulassung von Schleifwerkzeugen für erhöhte Umfangsgeschwindigkeiten.

/129/ DSA 102
03.90.
Prüfung von Schleifwerkzeugen durch Prüfstellen.

/130/ DSA103
10.89.
Richtlinien für die Kennzeichnung von Schleifwerkzeugen.

/131/ DSA 104
10.89.
Richtlinien für die Prüfung von Schleifwerkzeugen im Herstellerwerk.

/132/ EN-Entwurf
Tragbare, handgeführte Trennschleifmaschinen mit Verbrennungsmotor: Sicherheit / CEN/TC 151 - Construction Equipment and Building Material Machines - Safety, Secretariat WG 6. Frankfurt am Main: Europäisches Komitee für Normung CEN, 1994. - Normentwurf. Stand: Januar 1994.

/133/ ISO/CD 10 068
03.93.
Mechanical Vibration and Shock - Free, Driving-Point, Mechanical Impedance of the Human Hand-Arm System.

/134/ ISO R 266
1975.
Acoustics : Preferred Frequencies for Measurements

/135/ ISO 5349
05.86.
Guidelines for the Measurement and the Assessment of Human Exposure to Hand-transmitted Vibration.

/136/ ISO 6103
1986.
Bonded Abrasive Products: Static Balancing of Grinding Wheels: Testing.

/137/ Richtlinie 89/392/EWG zur Angleichung der Rechtsvorschriften der Mitgliedsstaaten für Maschinen (idF v. 14.6.1989)

/138/ Richtlinie 91/368/EWG zur Änderung der Richtlinie 89/392/EWG zur Angleichung der Rechtsvorschriften der Mitgliedsstaaten für Maschinen (idF v. 20.6.1991).

/139/ Sicherheitshinweise beim Arbeiten mit Handtrennschleifmaschinen 20-7/91/ Hrsg. v. Württembergische Bau-Berufsgenossenschaft. Böblingen: Württ. Bau-BG, 1991.

/140/ TA Luft, Erste Allg. Verwaltungsvorschrift zum BImSchG (idF v. 27.2.1986).

/141/ UVV VBG 7 n 6 (idF v. 1.1.1993).
Metallbearbeitung; Schleifkörper, Pließt- und Polierscheiben; Schleif- und Polierscheiben.

/142/ UVV VBG 7 t 1 (idF v. 1.1.1993)
Schleifkörper und Schleifmaschinen.

/143/ UVV VBG 37 (idF v. 1.4.1993)
Bauarbeiten.

/144/ UVV VBG 121 (idF v. 1.4.1992)
Lärm.

/145/ VDI 2057
05.87.
Einwirkung mechanischer Schwingungen auf den Menschen.

/146/ VDI 2060
10.66.
Beurteilungsmaßstäbe für den Auswuchtzustand rotierender starrer Körper.

/147/ VDI 2062
01.76.
Schwingungsisolierung (Blatt 1: Griffe und Methoden).

/148/ VDI 2310
Teil 1: Immissions-Werte: Zielsetzung und Bedeutung, Oktober 1988.
Teil 4: Immissionskonzentrationen für Chlorwasserstoff, September 1978.
Teil 11: Immissionskonzentrationen für Schwefeldioxid, August 1984.
Teil 12: Immissionskonzentrationen für Stickstoffdioxid, Juni 1985.
Teil 19: Immissionskonzentrationen für Schwebstaub, April 1992.

/149/ VDI 3831
11.85.
Schutzmaßnahmen gegen die Einwirkung mechanischer Schwingungen auf den Menschen. Allgemeine Schutzmaßnahmen, Beispiele.

8 Anhang

8.1 Bilder

Bild A1: Im Rahmen der Feldversuche eingesetzte Schwingungsmeßtechnik

Bild A2: Erfassung des Schalldrucks am Ohr des Geräteführers mittels Handschallpegelmesser

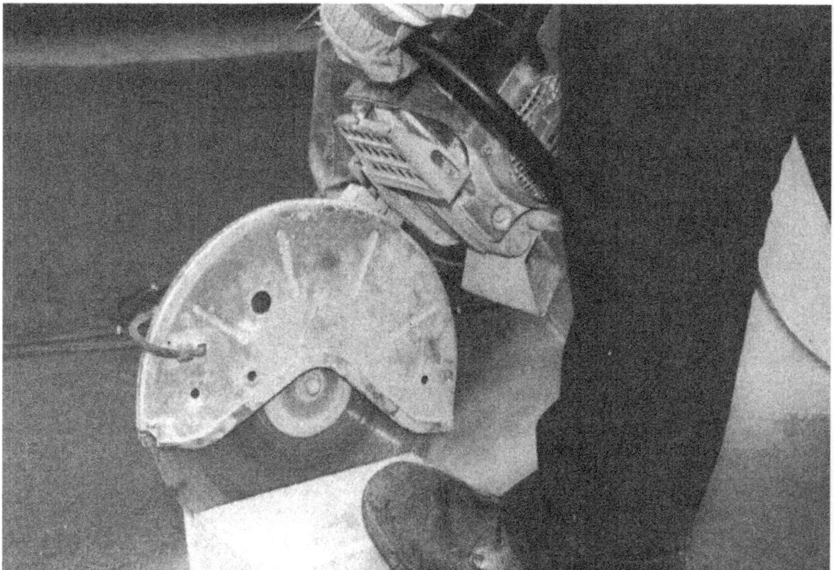

Bild A3: Festhalten des Werkstücks mit dem Fuß

Bild A4: Durchtrennen von Abwasserrohren

Bild A5: Durchtrennen von Eisenbahnschienen mittels spezieller Vorrichtung

Bild A6: Anbringen von Fensterausschnitten

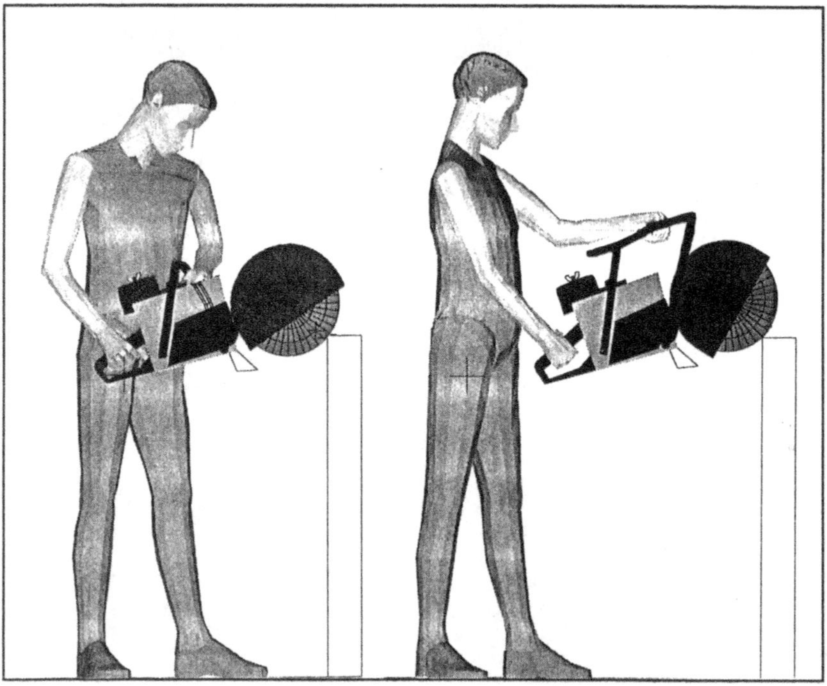

Bild A7: Simulierter Vertikalschnitt in Hüfthöhe mit einer männlichen Person (Körpergröße: 50. Perzentil) mit MTS im Originalzustand (links) und mit optimiertem Griffsystem (rechts).

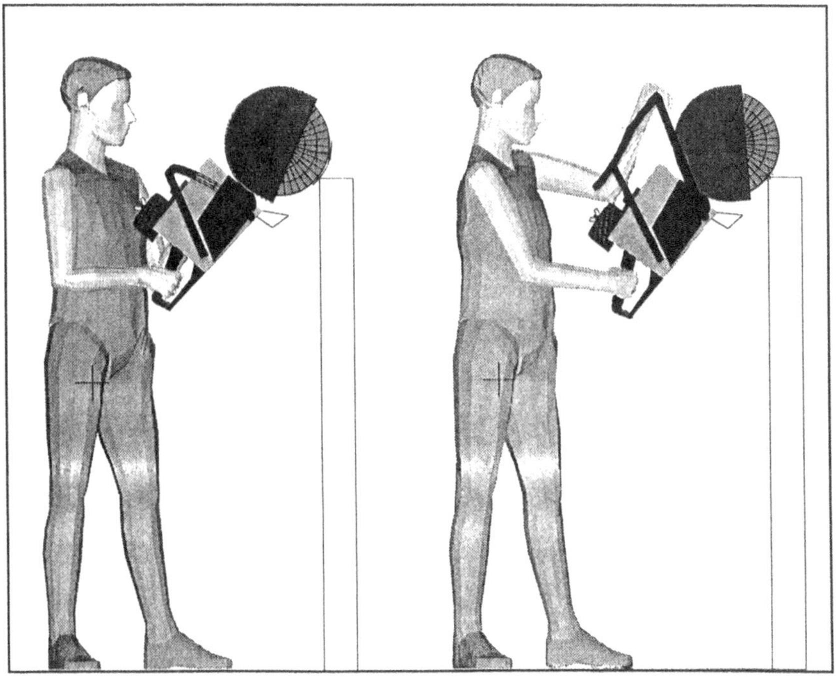

Bild A8: Simulierter Vertikalschnitt in Brusthöhe mit einer männlichen Person (Körpergröße: 50. Perzentil) mit MTS im Originalzustand (links) und mit optimiertem Griffsystem (rechts).

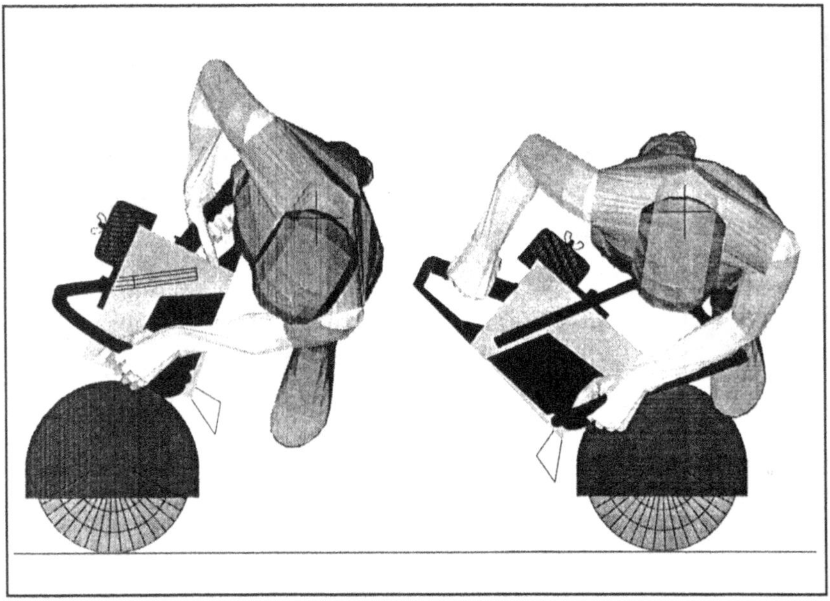

Bild A9: Simulierter Horizontalschnitt in Hüfthöhe mit einer männlichen Person (Körpergröße: 50. Perzentil) mit MTS im Originalzustand (links) und mit optimiertem Griffsystem (rechts).

8.2 Tabellen

Gewichtete Schwingbeschleunigungs- und WAS-Werte in [m/s²]		Leerlauf				Maximaldrehzahl			
Gerät		A	B	C	D	A	B	C	D
Vordergriff	a_{xhw}	3,6	2,1	1,6	2,5	4,0	7,6	2,3	6,2
	a_{yhw}	19,4	2,5	1,1	1,2	11,1	9,7	1,6	7,3
	a_{zhw}	6,0	6,0	5,9	3,4	5,1	7,6	7,7	5,8
	WAS_v	20,6	6,9	6,2	5,5	12,8	14,6	8,2	11,2
Gasgriff	a_{xhw}	10,4	2,0	6,0	1,3	3,2	4,1	4,6	3,4
	a_{yhw}	5,5	5,4	2,8	0,9	11,0	9,1	4,1	5,5
	a_{zhw}	12,0	10,5	12,0	4,3	5,5	4,4	5,6	10,0
	WAS_h	16,8	12,0	13,7	4,6	12,8	11,0	8,3	11,9

Tabelle A1: Gewichtete Schwingbeschleunigungs- und WAS-Werte der im Rahmen der Feldversuche untersuchten MTS bei Leerlauf- und Maximaldrehzahl (lastfreier Betrieb)

Schalldruckpegel in [dB(A)]	Leerlauf	Maximal-drehzahl	Lastlauf
Gerät A mit Kunstharzscheibe, ø 350 mm, Trennen von Metall	92,0	108,0	115,3
Gerät B mit Hartmetallscheibe, ø 350 mm, Trennen von Stein	89,5	108,5	111,7
Gerät C mit Hartmetallscheibe, ø 300 mm, Trennen von Beton	87,0	104,5	112,0
Gerät D mit Kunstharzscheibe, ø 300 mm, Trennen von Beton	86,5	99,9	103,3
Gerät E mit Kunstharzscheibe, ø 300 mm, Trennen von Metall	79,5	101,0	105,8

Tabelle A2: Schalldruckpegel der im Rahmen der Feldversuche untersuchten MTS bei unterschiedlichen Betriebszuständen, gemessen am Ohr des Geräteführers

Scheibentyp	Abmessungen [mm]	Einsatzfeld	Scheiben-klasse/-nummer	statische Unwucht/Fehlerwinkel [g] / [°]	dyn. Unwucht [g]/Fehlerwinkel [°], bez. auf Scheibendicke, n_m = 3000 1/min	
Hartmetall	305 x 3 x 20	Stein	I / 1	1,25 / 229	21,8 / 46	22,2 / 229
			I / 2	0,73 / 264	20,5 / 54	21,1 / 235
			I / 3	1,64 / 102	33,4 / 45	32,6 / 222
			I / 4	1,28 / 113	25,0 / 46	24,5 / 223
Kunstharz	300 x 3,5 x 20	Stein	II / 1	1,97 / 101	30,9 / 36	30,1 / 213
			II / 2	1,88 / 336	13,8 / 336	12,9 / 156
			II / 3	1,34 / 42	20,7 / 6	19,6 / 183
			II / 4	1,57 / 184	8,9 / 39	10,2 / 214
			II / 5	0,81 / 0	21,3 / 23	20,5 / 204
			II / 6	0,45 / 17	17,5 / 3	17,1 / 180
Kunstharz	300 x 3,5 x 20	Metall	III / 1	0,35 / 262	14,9 / 76	15,3 / 256
			III / 2	1,97 / 92	33,4 / 26	32,7 / 203
			III / 3	0,95 / 216	11,3 / 22	12,2 / 203
			III / 4	1,52 / 14	10,4 / 58	9,4 / 244
			III / 5	1,80 / 83	18,7 / 7	18,3 / 182
			III / 6	2,65 / 213	16,6 / 70	18,7 / 245
Hartmetall	355 x 3 x 25,4	Stein	IV / 1	0,29 / 145	30,0 / 43	30,0 / 223
			IV / 2	0,85 / 132	27,4 / 32	27,6 / 210
			IV / 3	0,82 / 72	36,2 / 358	36,0 / 176
			IV / 4	0,24 / 59	41,6 / 19	41,4 / 198
Kunstharz	350 x 4,5 x 25,4	Stein	V / 1	1,28 / 14	19,2 / 60	18,4 / 243
			V / 2	1,63 / 91	46,1 / 71	44,5 / 250
			V / 3	3,09 / 309	35,1 / 14	33,9 / 199
			V / 4	8,24 / 61	63,7 / 33	56,6 / 209
			V / 5	4,96 / 340	43,7 / 33	40,9 / 218
			V / 6	4,50 / 117	40,8 / 62	38,5 / 236
Kunstharz	350 x 4,5 x 25,4	Metall	VI / 1	6,50 / 311	15,0 / 315	8,5 / 138
			VI / 2	3,24 / 161	46,0 / 90	47,0 / 266
			VI / 3	6,56 / 82	27,3 / 107	21,5 / 295
			VI / 4	4,99 / 173	34,5 / 103	33,1 / 274
			VI / 5	1,18 / 130	27,9 / 138	26,7 / 319
			VI / 6	6,06 / 42	52,2 / 29	46,3 / 207

Tabelle A3: Statische und dynamische Unwuchten der untersuchten Trennscheiben im Neuzustand

Scheibentyp	Abmessungen [mm]	Einsatzfeld	Scheiben-klasse/-nummer	statische Unwucht/Fehlerwinkel		dyn. Unwucht [g]/Fehlerwinkel [°], bez. auf Scheibendicke, n_m = 3000 1/min			
				[g]	[°]				
Hartmetall	305 x 3 x 20	Stein	I / 1	1,36	285	30,2	22	30,4	204
			I / 2	Trennscheibe wurde nicht benutzt					
			I / 3	1,67	90	31,8	14	31,5	191
			I / 4	1,38	108	26,0	13	26,7	190
Kunstharz	300 x 3,5 x 20	Stein	II / 1	1,55	77	29,5	19	28,7	197
			II / 2	1,59	357	17,6	338	16,1	157
			II / 3	0,81	60	21,7	358	21,4	176
			II / 4	2,08	188	13,9	13	15,9	192
			II / 5	1,29	349	21,8	15	20,7	197
			II / 6	Trennscheibe wurde nicht benutzt					
Kunstharz	300 x 3,5 x 20	Metall	III / 1	Trennscheibe wurde nicht benutzt					
			III / 2	1,49	80	30,9	3	30,6	180
			III / 3	1,27	205	18,3	14	19,6	194
			III / 4	1,21	26	15,4	38	14,2	219
			III / 5	1,90	83	26,0	351	26,2	167
			III / 6	2,62	202	23,5	38	25,9	216
Hartmetall	355 x 3 x 25,4	Stein	IV / 1	0,68	137	47,2	352	47,7	172
			IV / 2	0,95	138	44,8	357	45,5	177
			IV / 3	0,75	85	54,2	10	54,0	190
			IV / 4	Trennscheibe wurde nicht benutzt					
Kunstharz	350 x 4,5 x 25,4	Stein	V / 1	2,71	16	26,4	13	23,7	192
			V / 2	4,43	60	30,6	26	27,0	201
			V / 3	3,77	270	45,9	18	47,2	202
			V / 4	8,00	58	51,5	16	45,9	189
			V / 5	7,04	347	37,8	35	33,6	224
			V / 6	Trennscheibe wurde nicht benutzt					
Kunstharz	350 x 4,5 x 25,4	Metall	VI / 1	6,56	309	10,5	8	9,4	226
			VI / 2	3,91	163	33,3	59	34,4	233
			VI / 3	7,57	83	19,9	64	12,9	234
			VI / 4	5,01	163	23,9	39	27,0	211
			VI / 5	Trennscheibe wurde nicht benutzt					
			VI / 6	7,12	35	33,4	3	27,7	175

Tabelle A4: Statische und dynamische Unwuchten der untersuchten Trennscheiben in gebrauchtem Zustand

Gewichtete Schwingbeschleunigungs- und WAS-Werte in [m/s²]									
Gerät		Typ A				Typ B			
Scheibenbezeichn.		III/6		II/3		V/5		IV/2	
Messung mit:		Hand-Arm-Ersatz-system	Probanden	Hand-Arm-Ersatz-system	Probanden	Hand-Arm-Ersatz-system	Probanden	Hand-Arm-Ersatz-system	Probanden
Vordergriff	a_{xhw}	5,69	6,75	3,85	4,63	8,07	3,37	7,07	2,56
	a_{yhw}	5,55	4,21	3,47	3,25	4,28	2,93	1,85	1,93
	a_{zhw}	1,42	1,18	1,42	0,89	3,34	1,71	2,92	1,41
	WAS_v	8,07	8,04	5,37	5,73	9,73	4,78	7,87	3,51
Gasgriff	a_{xhw}	3,27	3,27	2,54	1,91	3,10	2,85	3,52	1,80
	a_{yhw}	9,78	10,58	5,97	5,90	19,57	11,52	6,08	5,83
	a_{zhw}	2,38	4,14	1,70	2,35	5,25	2,73	1,96	2,27
	WAS_h	10,58	11,82	6,71	6,63	20,50	12,17	7,29	6,51

Tabelle A5: Vergleich der gewichteten Schwingbeschleunigungs- und WAS-Werte für Gerät A bzw. Gerät B für Messungen mit mechanischem Hand-Arm-Ersatzsystem und mit Probanden bei Verwendung unter schiedlicher Trennscheiben (n_M = 8.000 1/min, lastfreier Betrieb)

Massenträgheitsmomente der modellierten Körper	J_x [kg · m²]	J_y [kg · m²]	J_z [kg · m²]
Tankeinheit	0,0051	0,0267	0,0287
Motor	0,0478	0,0585	0,0585
Luftfiltereinheit	0,001	0,001	0,0009
Trennschleiferarm	0,0013	0,0133	0,0074
Trennscheibenachse	0,001	0,0015	0,001
Schutzhaube	0,018	0,0371	0,018
Vordergriff	0,0062	0,0031	0,0031
Gasgriff	0,0	0,0011	0,0011
Abstellstütze	0,0008	0,0005	0,0008
Trennscheiben			
D = 300 mm, Kunstharz	0,0028	0,0056	0,0028
D = 305 mm, Hartmetall	0,007	0,014	0,007
D = 350 mm, Kunstharz	0,0068	0,00138	0,0068
D = 355 mm, Hartmetall	0,015	0,03	0,015

Alle Massenträgheitsmomente sind bzgl. der Achsen des Inertial-Koordinatensystems angegeben.
Vollständige Bezeichnungen:

Motor:	Motor mit Vergasereinheit und Auspuff
Trennschleiferarm:	Trennschleiferarm mit Riemenantrieb und Riementriebabdeckung
Trennscheibenachse:	Trennscheibenachse mit Riemenscheibe und Klemmscheiben

Tabelle A6: Massenträgheitsmomente der Körper des Simulationsmodells

Bezeichnung der Verbindung	Gelenktyp	Zahl der Freiheitsgrade	Erläuterung
Inertialsystem - Gasgriff	freies Gelenk	6	Kopplung durch Koppelelemente 1 - 3
Inertialsystem - Vordergriff	freies Gelenk	6	Kopplung durch Koppelelemente 4 - 6
Vordergriff - Tankeinheit	feste Verbindung	0	--
Gasgriff - Tankeinheit	feste Verbindung	0	--
Abstellstütze - Tankeinheit	feste Verbindung	0	--
Tankeinheit - Motor	freies Gelenk	6	Kopplung durch AV-Elemente 1 - 5
Motor - Trennschleiferarm	Drehgelenk	1	--
Motor - Luftfiltereinheit	feste Verbindung	0	--
Trennschleiferarm - Schutzhaube	Drehgelenk	1	Vorgabe der Stellung der Schutzhaube
Trennschleiferarm - Trennscheibenachse	Drehgelenk	1	Drehzahl vorgegeben
Trennscheibenachse - Trennscheibe	feste Verbindung	0	--
Trennscheibe - Unwuchtmasse	feste Verbindung	0	--

Vollständige Bezeichnungen:	Motor:	Motor mit Vergasereinheit und Auspuff
	Trennscheibenachse:	Trennscheibenachse mit Riemenscheibe und Klemmscheiben
	Trennschleiferarm:	Trennschleiferarm mit Riemenantrieb und Riementriebabdeckung

Tabelle A7: Definition der Verbindungen zwischen den einzelnen Körpern des Simulationsmodells

Schwerpunktskoordinaten der modellierten Körper und Koordinaten der Verbindungselemente			
Körper	x [mm]	y [mm]	z [mm]
Tankeinheit	-51,5	-11,0	-41,5
Motor	0,0	0,0	28,0
Luftfiltereinheit	-88,0	0,0	153,0
Trennschleiferarm Mittenposition Außenposition	 -84,0 209,0	 1,5 -96,0	 1,5 1,5
Trennschleiferachse Mittenposition Außenposition	 276,0 276,0	 -42,0 -142,0	 0,0 0,0
Trennscheibe Mittenposition Außenposition	 276,0 276,0	 -13,9 -155,0	 0,0 0,0
Schutzhaube Mittenposition Außenposition	 276,0 276,0	 -29,5 -151,5	 41,5 41,5
Vordergriff	30,5	16,5	60,5
Gasgriff	-206,0	0,0	24,5
Abstellstütze	82,0	-7,0	-102,5
AV-Element 1 AV-Element 2 AV-Element 3 AV-Element 4 AV-Element 5	97,0 97,0 -115,0 -115,0 -28,0	41,0 -38,0 38,0 -38,0 -38,0	-28,0 -28,0 14,0 14,0 -59,0
Koppelelement 1 Koppelelement 2 Koppelelement 3 Koppelelement 4 Koppelelement 5 Koppelelement 6	-212,5 -243,0 -258,7 43,5 -6,3 0,0	5,0 35,0 5,0 231,1 -9,5 30,0	62,3 47,7 79,0 269,0 269,0 279,0

Koordinatenursprung:
Kreuzungspunkt zwischen Maschinenlängsachse und Kurbelwellenachse

Tabelle A8: Koordinaten der einzelnen Körper und Verbindungselemente des Simulationsmodells

Koppelelemente des verwendeten Hand-Arm-Modells	**Federsteifigkeit** c_{Hji}(j=1,2,3,4,5) [N/m]	**Dämpfung** d_{Hji}(j=1,2,3,4,5) [Ns/m]
Koppelelement 1	$c_{H1x'}$ = 159999,9 $c_{H1y'}$ = 2444,4 $c_{H1z'}$ = 2444,4	$d_{H1x'}$ = 0,3 $d_{H1y'}$ = 0,3 $d_{H1z'}$ = 0,3
Koppelelement 2	$c_{H2x'}$ = 2444,4 $c_{H2y'}$ = 159999,9 $c_{H2z'}$ = 2444,4	$d_{H2x'}$ = 0,3 $d_{H2y'}$ = 0,3 $d_{H2z'}$ = 0,3
Koppelelement 3	$c_{H3x'}$ = 2444,4 $c_{H3y'}$ = 2444,4 $c_{H3z'}$ = 159999,9	$d_{H3x'}$ = 0,3 $d_{H3y'}$ = 0,3 $d_{H3z'}$ = 0,3
Koppelelement 4	$c_{H4x''}$ = 159999,9 $c_{H4y''}$ = 2444,4 $c_{H4z''}$ = 2444,4	$d_{H4x''}$ = 0,3 $d_{H4y''}$ = 0,3 $d_{H4z''}$ = 0,3
Koppelelement 5	$c_{H5x''}$ = 2444,4 $c_{H5y''}$ = 159999,9 $c_{H5z''}$ = 2444,4	$d_{H5x''}$ = 0,3 $d_{H5y''}$ = 0,3 $d_{H5z''}$ = 0,3
Koppelelement 6	$c_{H6x''}$ = 48000,0 $c_{H6y''}$ = 9285,7 $c_{H6z''}$ = 9285,7	$d_{H6x''}$ = 0,3 $d_{H6y''}$ = 0,3 $d_{H6z''}$ = 0,3
AV-Elemente	**Federsteifigkeit** c_{ji} (j=1,2,3,4,5) [N/m]	**Dämpfung** d_{ji}(j=1,2,3,4,5) [Ns/m]
AV-Elemente 1 - 5, Typ I	c_{jx} = 168000,0 c_{jy} = 23000,0 c_{jx} = 168000,0	d_{jx} = 0,3 d_{jy} = 0,3 d_{jx} = 0,3
AV-Elemente 1 - 5, Typ II	c_{jx} = 96000,0 c_{jy} = 23000,0 c_{jx} = 96000,0	d_{jx} = 0,3 d_{jy} = 0,3 d_{jx} = 0,3
Steifigkeit des Trennschleiferarms	**Federsteifigkeit** c_{rot} [Nm/rad]	**Dämpfung** d_{rot} [Ns/rad]
	2800	**0,0**

Tabelle A9: Federsteifigkeiten und Dämpfungskonstanten der einzelnen Verbindungselemente des Simulationsmodells

Bezeichnung	Zahlenwert
m_O	0,117 kg
r_{KW}	0,018 m
l_P	0,0635 m
λ	0,283
A	60 %

Tabelle A10: Werte für die Modellierung der Motormassenkräfte

Gewichtete Schwingbeschleunigungs und WAS-Werte in [m/s²]									
Scheibenbezeichn.		III/6		II/3		V/5		IV/2	
Herkunft der Meßwerte		Messung	Simulation	Messung	Simulation	Messung	Simulation	Messung	Simulation
Vordergriff	a_{xhw}	5,69	4,37	3,85	3,97	8,07	4,90	7,07	3,56
	a_{yhw}	5,55	2,39	3,47	0,89	4,28	3,06	1,85	0,74
	a_{zhw}	1,42	1,15	1,42	0,93	3,34	1,71	2,92	1,00
	WAS_v	8,07	5,11	5,37	4,17	9,73	6,03	7,87	3,78
Gasgriff	a_{xhw}	3,27	3,15	2,54	3,08	3,10	3,18	3,52	2,85
	a_{yhw}	9,78	9,48	5,97	5,17	19,57	15,34	6,08	5,30
	a_{zhw}	2,38	2,33	1,70	2,22	5,25	3,00	1,96	2,15
	WAS_h	10,58	10,26	6,71	6,41	20,50	15,69	7,29	6,39

Tabelle A11: Vergleich der gewichteten Schwingbeschleunigungs- und WAS-Werte für Gerät A für Messungen mit mechanischem Hand-Arm-Ersatzsystem und Simulation bei Verwendung unterschiedlicher Trennscheiben (n_M = 8.000 1/min)

Gewichtete Schwingbeschleunigungs- und WAS-Werte in [m/s²]							
Gerät		Gerät A im Originalzustand		Optimiertes AV-System mit AV-Elementen vom Typ I		Optimiertes AV-System mit AV-Elementen vom Typ II	
Scheiben-bezeichn.		III/6	II/3	III/6	II/3	III/6	II/3
Vordergriff	a_{xhw}	4,37	3,97	0,64	1,46	0,65	1,50
	a_{yhw}	2,39	0,89	0,80	0,82	0,68	0,68
	a_{zhw}	1,15	0,93	0,38	0,72	0,44	0,86
	WAS_v	5,11	4,17	1,10	1,82	1,04	1,85
Gasgriff	a_{xhw}	3,15	3,08	0,45	1,20	0,47	1,23
	a_{yhw}	9,48	5,17	0,50	0,61	0,40	0.48
	a_{zhw}	2,33	2,22	0,53	1,24	0,64	1,42
	WAS_h	10,26	6,41	0,86	1,84	0,89	1,93

Tabelle A12: Vergleich der gewichteten Schwingbeschleunigungs- und WAS-Werte (Simulationsergebnisse) für Gerät A im Originalzustand und mit optimiertem AV-System bei Verwendung unterschiedlicher Trennscheiben (n_M = 8.000 1/min)

Gewichtete Schwingbeschleunigungs- und WAS-Werte in [m/s²]							
Gerät		Gerät A im Originalzustand		Prototyp mit AV-Elementen vom Typ I		Prototyp mit AV-Elementen vom Typ II	
Scheiben-bezeichn.		III/6	II/3	III/6	II/3	III/6	II/3
Vordergriff	a_{xhw}	6,75	4,63	1,02	1,12	0,89	1,22
	a_{yhw}	4,21	3,25	3,02	3,24	2,04	2,68
	a_{zhw}	1,18	0,89	0,64	0,62	0,59	0,58
	WAS_v	8,04	5,73	3,25	3,48	2,31	3,00
Gasgriff	a_{xhw}	3,27	1,91	1,05	1,11	0,89	1,12
	a_{yhw}	10,58	5,97	1,52	1,61	1,23	1,15
	a_{zhw}	4,14	2,35	1,26	1,41	1,30	1,64
	WAS_h	11,82	6,63	2,24	2,41	2,00	2,30

Tabelle A13: Vergleich der gewichteten Schwingbeschleunigungs- und WAS-Werte für Gerät A (Originalzustand) und Prototyp bei Verwendung unterschiedlicher Trennscheiben (n_M = 8.000 1/min, Messungen mit Probanden)

Gewichtete Schwingbeschleunigungs- und WAS-Werte in [m/s²]							
Gerät		Gerät A im Originalzustand		Prototyp mit AV-Elementen vom Typ I		Prototyp mit AV-Elementen vom Typ II	
Scheiben-bezeichn.		III/6	II/3	III/6	II/3	III/6	II/3
Vordergriff	a_{xhw}	5,69	3,85	1,75	1,56	1,45	0,82
	a_{yhw}	5,55	3,47	2,19	2,28	1,19	1,56
	a_{zhw}	1,42	1,42	1,84	1,80	1,24	1,07
	WAS_v	8,07	5,37	3,35	3,29	2,24	2,06
Gasgriff	a_{xhw}	3,27	2,54	1,67	1,66	1,08	1,35
	a_{yhw}	9,78	5,97	1,86	1,90	1,13	1,20
	a_{zhw}	2,38	1,70	1,58	1,64	0,89	0,30
	WAS_h	10,58	6,71	2,96	3,01	1,80	1,83

Tabelle A14: Vergleich der gewichteten Schwingbeschleunigungs- und WAS-Werte für Gerät A (Originalzustand) und Prototyp bei Verwendung unterschiedlicher Trennscheiben (n_M = 8.000 1/min, Messungen mit mechanischem Hand-Arm-Ersatzsystem)

Gelenkauslenkung in % bezogen auf die Maximalauslenkung						
Griffsystem	original			optimiert		
Perzentilwert / Körpergelenk	5. Perzentil	50. Perzentil	95. Perzentil	5. Perzentil	50. Perzentil	95. Perzentil
Rechtes Handgelenk	24,5	24,5	25,1	13,3	7,5	20,0
Rechtes Ellenbogengelenk	29,4	18,2	12,3	12,6	11,9	10,9
Rechtes Schultergelenk	40,5	33,7	37,2	36,4	39,3	41,0
Rechtes Schlüsselbein	74,0	100,0	100,0	37,6	37,8	38,5
Linkes Handgelenk	23,0	21,7	57,6	20,0	20,0	30,0
Linkes Ellenbogengelenk	67,8	63,3	57,9	62,4	60,0	57,9
Linkes Schultergelenk	33,2	37,1	42,3	40,1	41,3	44,9
Linkes Schlüsselbein	68,2	59,0	47,3	50,0	52,4	46,3
Halswirbel	46,9	48,4	45,5	33,4	33,3	33,3
Brustwirbel	71,3	73,4	71,4	59,8	61,3	62,0
Lendenwirbel	76,2	77,7	76,4	42,5	48,7	48,9

Tabelle A15: Vergleich der Gelenkwinkel bei der simulierten Durchführung eines Vertikalschnitts in Bodenhöhe mit dem MTS im Originalzustand und mit optimiertem Griffsystem (Körpergröße: 5., 50. und 95. Perzentil, männlich)

Gelenkauslenkung in % bezogen auf die Maximalauslenkung						
Griffsystem	original			optimiert		
Perzentilwert / Körpergelenk	5. Perzentil	50. Perzentil	95. Perzentil	5. Perzentil	50. Perzentil	95. Perzentil
Rechtes Handgelenk	36,2	24,7	25,0	15,8	5,3	7,5
Rechtes Ellenbogengelenk	61,8	46,1	24,2	21,4	19,5	19,2
Rechtes Schultergelenk	13,9	8,5	11,2	13,8	13,3	11,0
Rechtes Schlüsselbein	2,3	4,5	6,1	17,3	11,1	17,5
Linkes Handgelenk	64,2	34,1	41,5	7,5	2,2	6,9
Linkes Ellenbogengelenk	100,0	100,0	98,2	67,8	66,7	69,7
Linkes Schultergelenk	67,2	64,1	60,0	36,0	30,7	14,2
Linkes Schlüsselbein	1,9	0,5	0,9	7,8	12,5	10,3
Halswirbel	69,1	80,8	88,0	65,9	60,5	58,7
Brustwirbel	7,4	7,5	7,4	0,5	0,5	6,0
Lendenwirbel	13,9	13,9	13,9	0,9	0,9	11,1

Tabelle A16: Vergleich der Gelenkwinkel bei der simulierten Durchführung eines Vertikalschnitts in Hüfthöhe mit dem MTS im Originalzustand und mit optimiertem Griffsystem (Körpergröße:5., 50. und 95. Perzentil, männlich)

Gelenkauslenkung in % bezogen auf die Maximalauslenkung						
Griffsystem	original			optimiert		
Perzentilwert / Körpergelenk	5. Perzentil	50. Perzentil	95. Perzentil	5. Perzentil	50. Perzentil	95. Perzentil
Rechtes Handgelenk	60,3	62,3	60,2	3,0	3,3	6,9
Rechtes Ellenbogengelenk	86,3	81,5	72,9	54,2	48,2	8,5
Rechtes Schultergelenk	14,8	14,8	13,6	22,1	17,3	33,0
Rechtes Schlüsselbein	4,7	0,8	0,8	15,0	16,2	11,2
Linkes Handgelenk	21,6	22,8	22,4	13,3	13,3	25,0
Linkes Ellenbogengelenk	95,3	100,0	100,0	61,1	63,5	69,8
Linkes Schultergelenk	26,3	13,0	20,2	58,4	43,5	28,3
Linkes Schlüsselbein	2,5	0,9	0,7	28,2	26,8	29,0
Halswirbel	39,3	31,8	37,8	28,3	29,7	41,6
Brustwirbel	0,5	7,5	8,5	0,5	0,5	0,5
Lendenwirbel	0,9	7,5	8,3	0,9	0,9	1,0

Tabelle A17: Vergleich der Gelenkwinkel bei der simulierten Durchführung eines Vertikalschnitts in Brusthöhe mit dem MTS im Originalzustand und mit optimiertem Griffsystem (Körpergröße: 5., 50. und 95. Perzentil, männlich)

Gelenkauslenkung in % bezogen auf die Maximalauslenkung						
Griffsystem	original			optimiert		
Perzentilwert / Körpergelenk	5. Perzentil	50. Perzentil	95. Perzentil	5. Perzentil	50. Perzentil	95. Perzentil
Rechtes Handgelenk	87,5	87,0	44,9	27,0	25,0	19,2
Rechtes Ellenbogengelenk	72,2	72,2	95,6	59,9	48,7	42,4
Rechtes Schultergelenk	26,1	14,0	27,2	40,0	31,1	22,0
Rechtes Schlüsselbein	64,4	42,5	46,7	1,4	1,8	2,2
Linkes Handgelenk	81,5	66,3	66,6	43,6	44,0	42,8
Linkes Ellenbogengelenk	100,0	100,0	100,0	51,7	55,6	55,6
Linkes Schultergelenk	19,6	9,8	6,1	21,9	16,3	12,8
Linkes Schlüsselbein	10,0	21,6	19,6	36,0	35,3	53,6
Halswirbel	73,5	85,5	93,7	72,9	72,0	72,0
Brustwirbel	19,0	19,0	19,0	0,5	0,5	0,5
Lendenwirbel	19,2	19,2	19,2	0,9	0,9	0,9

Tabelle A18: Vergleich der Gelenkwinkel bei der simulierten Durchführung eines Horizontalschnitts in Hüfthöhe mit dem MTS im Originalzustand und mit optimiertem Griffsystem (Körpergröße: 5., 50. und 95. Perzentil, männlich)

IPA Forschung und Praxis

Schriftenreihe aus dem Institut für Produktionstechnik und Automatisierung, Stuttgart

Herausgeber: Prof. Dr.-Ing. H. J. Warnecke

Datenerfassung im Produktionsbereich
Von E. Bendeich. ISBN 3-7830-0117-8.
1977, 176 Seiten, kartoniert. 54,— DM

Methodenauswahl für die Materialbewirtschaftung in Maschinenbau-Betrieben
Von H. Graf. ISBN 3-7830-0136-6.
1977, 144 Seiten, kartoniert. 54,— DM

Systematische Auswahl von Förderhilfsmitteln für den innerbetrieblichen Materialfluß
Von W. Rau. ISBN 3-7830-0139-0.
1977, 103 Seiten, kartoniert. 40,— DM

Grundlagen zur Planung von Ersatzteilfertigungen
Von E. Schulz. ISBN 3-7830-0138-2.
1977, 98 Seiten, kartoniert. 40,— DM

Rechnerunterstützte Fabrikplanung
Von B. Minten. ISBN 3-7830-0116-1.
1977, 124 Seiten, kartoniert. 38,— DM

Eine Planungsmethode für automatische Montagesysteme
Von H.-G. Löhr. ISBN 3-7830-0120-X.
1977, 108 Seiten, kartoniert. 32,— DM

Planung und Bewertung von Arbeitssystemen in der Montage
Von H. Metzger. ISBN 3-7830-0131-5.
1977, 108 Seiten, kartoniert. 40,— DM

Klassifizierungssystem für Prüfmittel der industriellen Längenprüftechnik
Von R. Czetto. ISBN 3-7830-0144-7.
1978, 181 Seiten, kartoniert. 64,— DM

Rechnerunterstützte Montageplanung
Von O. Hirschbach. ISBN 3-7830-0149-8.
1978, 146 Seiten, kartoniert. 52,— DM

Rechnerunterstützte Entwicklung von Simulationsmodellen für Unternehmensplanspiele
Von A. Moker. ISBN 3-7830-0147-1.
1978, 181 Seiten, kartoniert. 64,— DM

Arbeitsplatzanalysen zur Ermittlung der Einsatzmöglichkeiten und Anforderungen an Industrieroboter
Von G. Herrmann. ISBN 37830-0151-X.
1978, 113 Seiten, kartoniert. 40,— DM

MFSP — Ein Verfahren zur Simulation komplexer Materialflußsysteme
Von G. Stemmer. ISBN 3-7830-0118-8.
1977, 140 Seiten, kartoniert. 60,— DM

Berührungslose Erkennung durch Positionsbestimmung von Objekten durch inkohärent-optische Korrelation
Von M. König. ISBN 3-7830-0137-4.
1977, 110 Seiten, kartoniert. 40,— DM

Auslegung von Störungspuffern in kapitalintensiven Fertigungslinien
Von R. v. Stetten. ISBN 3-7830-0140-4.
1977, 154 Seiten, kartoniert. 56,— DM

Flexible Transportablaufsteuerung
Von G. Romer. ISBN 3-7830-0114-5.
1977, 188 Seiten, kartoniert. 60,— DM

Rechnergestützte Realplanung von Fabrikanlagen
Von T.-K. Sauter. ISBN 3-7830-0119-6.
1977, 108 Seiten, kartoniert. 32,— DM

Systematisches Auswählen und Konzipieren von programmierbaren Handhabungsgeräten
Von R. D. Schraft. ISBN 3-7830-0115-3.
1977, 108 Seiten, kartoniert. 32,— DM

Auslandsproduktion
Von W. Cypris. ISBN 3-7830-0145-5.
1970, 126 Seiten, kartoniert. 42,— DM

Wirtschaftlicher Einsatz von Mehrkoordinatenmeßgeräten
Von M. Dietzsch. ISBN 3-7830-0148-X.
1978, 142 Seiten, kartoniert. 52,— DM

Fertigungssteuerung bei flexiblen Arbeitsstrukturen
Von K.-G. Lederer. ISBN 3-7830-0146-3.
1978, 128 Seiten, kartoniert. 42,— DM

Untersuchungen zum Polieren und Entgraten durch elektrochemisches Oberflächenabtragen
Von K. Zerweck. ISBN 3-7830-0150-1.
1978, 110 Seiten, kartoniert. 40,— DM

Stufenweise Ableitung eines praktischen Planungssystems für den Entwicklungsbereich
Von R. Hichert. ISBN 3-7830-0149-8.
1978, 151 Seiten, kartoniert. 52,– DM

Produktionsplanung mit Auftragsfamilien
Von U. W. Geitner. ISBN 3-7830-0161.7.
1979, 110 Seiten, kartoniert. 45,– DM

Thermisch-chemisches Entgraten
Von T. Wagner. ISBN 3-7830-0164-1.
1979, 111 Seiten, kartoniert. 45,– DM

Untersuchung der Materialflußkosten bei ausgewählten Systemen der Zentralen Arbeitsverteilung
Von R. Wenzel. ISBN 3-7830-0162-5.
1979, 168 Seiten, kartoniert. 86,– DM

Anpassung und Einführung eines Planungssystems für die Ablaufplanung im Konstruktionsbereich
Von W. Dangelmaier. ISBN 3-7830-0163-3.
1979, 168 Seiten, kartoniert. 80,– DM

Längenmessungen an bewegten Teilen mit berührungslos wirkenden Aufnehmern
Von H. Lang. ISBN 3-7830-0157-9
1979, 89 Seiten, kartoniert. 42,– DM

Untersuchung multistabiler Strömungselemente und ihr Einsatz in sequentiellen Steuerungen
Von A. Ernst. ISBN 3-7830-0157-9.
1979, 122 Seiten, kartoniert. 48,– DM

Taktile Sensoren für programmierbare Handhabungsgeräte
Von M. Schweizer. ISBN 3-7830-0158-7.
1979, 91 Seiten, kartoniert. 42,– DM

Die rechnerunterstützte Prüfplanung
Von P. Blasing. ISBN 3-7830-0152-8.
1979, 100 Seiten, kartoniert. 44,– DM

Verfahren zur Fabrikplanung im Mensch-Rechner-Dialog am Bildschirm
Von W. Ernst. ISBN 3-7830-0156-0.
1979, 218 Seiten, kartoniert. 72,– DM

Rechnerunterstütztes Verfahren zur Leistungsabstimmung von Mehrmodell-Montagesystemen
Von M. Gorke. ISBN 3-7830-0155-2.
1979, 139 Seiten, kartoniert. 50,– DM

Standortbezogene Betriebsmittel
Von G. Pflieger. ISBN 3-7830-0167-6.
1979, 127 Seiten, kartoniert. 52,– DM

Die betriebswirtschaftliche Beurteilung neuer Arbeitsformen
Von B.-H. Zippe. ISBN 3-7830-0168-4.
1979, 350 Seiten, kartoniert. 98,– DM

Untersuchung des Arbeitsverhaltens programmierbarer Handhabungsgeräte
Von B. Brodbeck. ISBN 3-7830-0169-2.
1979, 117 Seiten, kartoniert. 48,– DM

Untersuchung eines kohärent-optischen Verfahrens zur Rauheitsmessung
Von N. Rau. ISBN 3-7830-0174-9
1979, 117 Seiten, kartoniert 48,– DM

Entwicklung einer programmierbaren, pneumatischen Steuerung
Von D. Klemenz. ISBN 3-7830-0171-4.
1979, 93 Seiten, kartoniert. 42,– DM

PA Forschung und Praxis

erichte aus dem Fraunhofer-Institut für Produktionstechnik und utomatisierung, Stuttgart, und dem Institut für Industrielle Fertigung nd Fabrikbetrieb der Universität Stuttgart

Herausgeber: Prof. Dr.-Ing. H. J. Warnecke

Arbeitsgangterminierung mit variabel strukturierten Arbeitsplänen — Ein Beitrag zur Fertigungssteuerung flexibler Fertigungssysteme
Von U. Maier. ISBN 3-540-10213-2.
1980, 111 Seiten mit 45 Abbildungen. — 43,– DM

Kapazitätsabgleich bei flexiblen Fertigungssystemen
Von P. S. Nieß. ISBN 3-540-10372-4
1980, 151 Seiten mit 57 Abbildungen — 48,– DM

Schichtdickenverteilung auf galvanisierten Paßteilen am Beispiel kleiner abgesetzter Wellen und Bohrungen
Von D. Wolfhard. ISBN 3-540-10373-2.
1980, 177 Seiten mit 83 Abbildungen — 48,– DM

Planung von Mehrstellenarbeit unter Berücksichtigung von Umfeldaufgaben
Von S. Haußermann. ISBN 3-540-10374-0.
1980, 136 Seiten mit 59 Abbildungen — 48,– DM

Untersuchungen zur Schmierfilmdicke in Druckluftzylindern — Beurteilung der Abstreifwirkung und des Reibungsverhaltens von Pneumatikdichtungen mit Hilfe eines neu entwickelten Schmierfilmdicken-meßverfahrens
Von R. Kohnlechner. ISBN 3-540-10375-9
1980, 100 Seiten mit 38 Abbildungen und 4 Tabellen. — 43,– DM

Typologie zum überbetrieblichen Vergleich von Fertigungssteuerungsverfahren im Maschinenbau
Von G. Rabus. ISBN 3-540-10376-7.
1980, 174 Seiten mit 88 Abbildungen und 21 Tafeln. — 48,– DM

System zur Planung des Umlaufbestandes in Betrieben mit Serienfertigung
Von K.-G. Wilhelm. ISBN 3-540-10377-5.
1980, 142 Seiten mit 67 Abbildungen und 15 Tafeln. — 48,– DM

Rechnerunterstützte Arbeitsplanerstellung mit Kleinrechnern, dargestellt am Beispiel der Blechbearbeitung
Von W. Hoheisel. ISBN 3-540-10505-0.
1981, 169 Seiten mit 74 Abbildungen. — 48,– DM

Beitrag zur Verbesserung der Wirtschaftlichkeit EDV-unterstützter Fertigungssteuerungssysteme durch Schwachstellenanalyse
Von J. Lienert. ISBN 3-540-10506-9
1981, 148 Seiten mit 37 Abbildungen. — 48,– DM

Die Abscheidung von Öl an Entlüftungsöffnungen drucklufttechnischer Anlagen
Von W.-D. Kiessling. ISBN 3-540-10604-9.
1981, 117 Seiten mit 48 Abbildungen und 3 Tabellen. — 43,– DM

Dynamische Optimierung technisch-ökonomischer Systeme
Von J. Warschat. ISBN 3-540-10717-7.
1981, 132 Seiten mit 60 Abbildungen. — 43,– DM

Bildsensor zur Mustererkennung und Positionsmessung bei programmierbaren Handhabungsgeräten
Von H. Geißelmann. ISBN 3-540-10735-5.
1981, 125 Seiten mit 52 Abbildungen. — 43,– DM

Verfügbarkeitsberechnung für komplexe Fertigungseinrichtungen
Von Ekkehard Gericke. ISBN 3-540-10779-7.
1981, 132 Seiten mit 71 Abbildungen. — 43,– DM

Materialflußgestaltung in Fertigungssystemen
Von Willi Rößner. ISBN 3-540-10888-2.
1981, 149 Seiten mit 76 Abbildungen. — 48,– DM

Beitrag zur Analyse der Auswirkungen der Mikroelektronik, dargestellt am Beispiel der Büromaschinen-Industrie
Von Werner Neubauer. ISBN 3-540-10991-9.
1981, 145 Seiten mit 27 Abbildungen und 47 Tabellen. — 43,– DM

3 **Modelle von Informationssystemen zur kurzfristigen Fertigungssteuerung und ihre Gestaltung nach betriebsspezifischen Gesichtspunkten**
Von Roland Gentner. ISBN 3-540-10992-7.
1981, 181 Seiten mit 69 Abbildungen und 7 Tabellen. — 48,– DM

4 **Entwicklung von Verfahren zur Terminplanung und -steuerung bei flexiblen Montagesystemen**
Von Jürgen H. Kolle. ISBN 3-540-11227-8.
1981, 132 Seiten mit 64 Abbildungen und 1 Faltplan. — 43,– DM

5 **Arbeits- und Kapazitätsteilung in der Montage**
Von Stefan Dittmayer. ISBN 3-540-11228-6
1981, 124 Seiten und 56 Abbildungen — 43,– DM

6 **Beitrag zur systematischen Planung der Qualitätsprüfung bei Klein- und Mittelserienfertigung**
Von Herbert Babic. ISBN 3-540-11325-8
1982, 108 Seiten mit 38 Abbildungen und 7 Tabellen. — 53,– DM

57 **Methode zur rechnerunterstützten Einsatzplanung von programmierbaren Handhabungsgeräten**
Von Uwe Schmidt-Streier. ISBN 3-540-11355-X.
1982, 188 Seiten mit 72 Abbildungen. 53.–

58 **Werkstoff- und Energiekennwerte industrieller Lackieranlagen, am Beispiel der Automobilindustrie**
Von Rainer Manfred Thiel. ISBN 3-540-11356-8.
1982, 116 Seiten mit 59 Abbildungen. 53.–

59 **Maßnahmen zum Verbessern der pneumatischen Lackzerstäubung – Teilchengrößenbestimmung im Spritzstrahl –**
Von Klaus Werner Thomer. ISBN 3-540-11507-2.
1982, 162 Seiten mit 94 Abbildungen und 1 Tabelle. 53.–

60 **Ermittlung und Bewertung von Rationalisierungsmaßnahmen im Produktionsbereich**
Von Jürgen Schilde. ISBN 3-540-11730-X.
1982, 158 Seiten mit 57 Abbildungen. 53.–

61 **Untersuchung von Verfahren der Reihenfolgeplanung und ihre Anwendung bei Fertigungszellen**
Von Mohamed Osman. ISBN 3-540-11747-4.
1982, 124 Seiten mit 32 Abbildungen und 3 Tabellen. 53.–

62 **Ein Simulationsmodell zur Planung gruppentechnologischer Fertigungszellen**
Von Volker Saak. ISBN 3-540-11747-4.
1982, 134 Seiten mit 53 Abbildungen. 53.–

63 **Verfahren zur technischen Investitionsplanung automatisierter Fertigungsanlagen**
Von Günter Vettin. ISBN 3-540-11747-4.
1982, 134 Seiten mit 63 Abbildungen. 53.–

64 **Pneumatische Sensoren zur prozeßsimultanen Messung des Werkzeugverschleißes und zur Kollisionsvermeidung beim Messerkopffräsen**
Von Wolfgang Jentner. ISBN 3-540-11747-4.
1982, 126 Seiten mit 47 Abbildungen und 6 Tabellen. 53.–

65 **Rechnerunterstützte Gestaltung ortsgebundener Montagearbeitsplätze, dargestellt am Beispiel kleinvolumiger Produkte**
Von Eberhard Haller. ISBN 3-540-12015-7.
1982, 130 Seiten mit 43 Abbildungen. 53.–

66 **Fernsehüberwachung von Schutzgasschweißvorgängen mit abschmelzender Elektrode MIG – MAG**
Von Ruprecht Niepold. ISBN 3-540-12181-7.
1983, 178 Seiten mit 73 Abbildungen und 5 Tabellen. 58.–

67 **Entwicklung flexibler Ordnungssysteme für die Automatisierung der Werkstückhandhabung in der Klein- und Mittelserienfertigung**
Von Karl Weiss. ISBN 3-540-12455-1.
1983, 116 Seiten mit 68 Abbildungen. 58.–

68 **Automatisierte Überwachungsverfahren für Fertigungseinrichtungen mit speicherprogrammierten Steuerungen**
Von Werner Eißler. ISBN 3-540-12456-X.
1983, 128 Seiten mit 66 Abbildungen. 58.–

69 **Prozeßüberwachung beim Galvanoformen**
Von Jürgen Wilhelm Böcker. ISBN 3-540-12457-8.
1983, 118 Seiten mit 32 Abbildungen. 58.–

70 **LAPEX – Ein rechnerunterstütztes Verfahren zur Betriebsmittelzuordnung**
Von Stephan Mayer. ISBN 3-540-12490-X.
1983, 162 Seiten mit 34 Abbildungen und 2 Tabellen. 58.–

71 **Gestaltung eines integrierten Produktionssystems für die Sortenfertigung unter Einsatz der Clusteranalyse**
Von Gerald Weber. ISBN 3-540-12650-3.
1983, 194 Seiten mit 54 Abbildungen. 58.–

72 **Gußputzen mit sensorgeführten, programmierbaren Handhabungsgeräten**
Von Eberhard Abele. ISBN 3-540-12651-1.
1983, 133 Seiten mit 66 Abbildungen. 58,–

73 **Untersuchungen zur Herstellung und zum Einsatz galvanogeformter Erodierelektroden**
Von Harald Müller. ISBN 3-540-12822-0.
1983, 148 Seiten mit 78 Abbildungen. 58,–

74 **Ein Beitrag zur Optimierung der Prozeßführungsstrategien automatisierter Förder- und Materialflußsysteme**
Von Hans Steffens. ISBN 3-540-12968-5.
1983. 161 Seiten mit 60 Abbildungen. 58,–

75 **Entwicklung eines Verfahrens zur wertmäßigen Bestimmung der Produktivität und Wirtschaftlichkeit von Personalentwicklungsmaßnahmen in Arbeitsstrukturen**
Von Christian Müller. ISBN 3-540-13041-1.
1983. 129 Seiten mit 34 Abbildungen. 58,–

76 **Berechnung der Gestaltänderung von Profilen infolge Strahlverschleiß**
Von Wolfgang Marx. ISBN 3-540-13054-3.
1983. 121 Seiten mit 58 Abbildungen. 58,–

77 **Algorithmen zur flexiblen Gestaltung der kurzfristigen Fertigungssteuerung**
Von Rudolf E. Scheiber. ISBN 3-540-13500-6.
1984, 150 Seiten mit 73 Abbildungen und 1 Tabelle. 63.–

78 **Galvanisieren mit moduliertem Strom**
Von Jürgen Wolfgang Mann. ISBN 3-540-13733-5.
1984, 145 Seiten und 58 Abbildungen. 63,–

79 **Fluoreszenzmeßverfahren zur Schmierfilmdickenmessung in Wälzlagern**
Von Wolfgang Schmutz. ISBN 3-540-13777-7.
1984, 141 Seiten und 66 Abbildungen. 63,–

›A-IAO Forschung und Praxis

›erichte aus dem Fraunhofer-Institut für Produktionstechnik und ›utomatisierung (IPA), Stuttgart, Fraunhofer-Institut für Arbeitswirtschaft ›d Organisation (IAO), Stuttgart, und Institut für Industrielle Fertigung ›d Fabrikbetrieb der Universität Stuttgart

Herausgeber: Prof. Dr.-Ing. H. J. Warnecke und Prof. Dr.-Ing. H.-J. Bullinger

---

Flexibilität und Kapazität von Werkstückspeichersystemen
Von Bernhard Graf. ISBN 3-540-13970-2.
1984, 115 Seiten mit 71 Abbildungen. 63,– DM

Flexible Fertigungssysteme
17. IPA-Arbeitstagung zusammen mit der 3. Internationalen Konferenz „Flexible Manufacturing Systems (FMS-3)", ISBN 3-540-13807-2.
1984, 249 Seiten mit zahlreichen Abbildungen. 118,– DM

Integrierte Bürosysteme
3. IAO-Arbeitstagung. ISBN 3-540-13978-8.
1984, 633 Seiten mit zahlreichen Abbildungen. 168,– DM

Rechnerunterstützte Planung von Montageablaufstrukturen für Erzeugnisse der Serienfertigung
Von Ernst-Dieter Ammer. ISBN 3-540-15056-0.
1985, 120 Seiten mit 1 Faltblatt und 33 Abbildungen. 63,– DM

Flexibilität von personalintensiven Montagesystemen bei Serienfertigung
Von Heinrich Vähning. ISBN 3-540-15093-5.
1985, 152 Seiten mit 49 Abbildungen. 63,– DM

Ordnen von Werkstücken mit programmierbaren Handhabungsgeräten und Werkstückerkennungssensoren
Von Ingo Schmidt. ISBN 3-540-15375-6.
1985, 111 Seiten mit 66 Abbildungen. 63,– DM

Systematische Investitionsplanung
Von Jorge Moser. ISBN 3-540-15370-5.
1985, 190 Seiten mit 69 Abbildungen. 63,– DM

Montage · Handhabung · Industrieroboter
Internationaler MHI-Kongreß im Rahmen der Hannover-Messe '85. ISBN 3-540-15500-7.
1985, 267 Seiten mit zahlreichen Abbildungen. 128,– DM

Flexible Montagesysteme – Konzeption und Feinplanung durch Kombination von Elementen
Von Peter Konold / Bernd Weller. ISBN 3-540-15606-2.
1985, 162 Seiten mit 71 Abbildungen und 9 Tabellen. 63,– DM

Menschen · Arbeit · Neue Technologien
4. IAO-Arbeitstagung zusammen mit der 2. Internationalen Konferenz „Human Factors in Manufacturing". ISBN 3-540-15763-8.
1985, 442 Seiten mit zahlreichen Abbildungen. 168,– DM

Leitstandunterstützte kurzfristige Fertigungssteuerung bei Einzel- und Kleinserienfertigung
Von Lothar Aldinger. ISBN 3-540-15903-7.
1985, 151 Seiten mit 49 Abbildungen und 2 Tabellen. 63,– DM

Bestimmen des Bürstenverhaltens anhand einer Einzelborste
Von Klaus Przyklenk. ISBN 3-540-15956-8.
1985, 117 Seiten mit 74 Abbildungen. 63,– DM

Montage großvolumiger Produkte mit Industrierobotern
Von Jörg Walther. ISBN 3-540-16027-2.
1985, 125 Seiten mit 58 Abbildungen. 63,– DM

Algorithmen und Verfahren zur Erstellung innerbetrieblicher Anordnungspläne
Von Wilhelm Dangelmaier. ISBN 3-540-16144-9.
1986, 268 Seiten mit 79 Abbildungen. 68,– DM

Bewertung der Instandhaltung von Fertigungssystemen in der technischen Investitionsplanung
Von Hagen U. Uetz. ISBN 3-540-16166-X.
1986, 129 Seiten mit 38 Abbildungen. 68,– DM

Entgraten durch Hochdruckwasserstrahlen
Von Manfred Schlatter. ISBN 3-540-16172-4.
1986, 167 Seiten mit 89 Abbildungen und 18 Tabellen. 68,– DM

Werkstückorientierte Verfahrensauswahl zum Gußputzen mit Industrierobotern
Von Wolfgang Sturz. ISBN 3-540-16224-0.
1986, 156 Seiten mit 59 Abbildungen. 68,– DM

Verfahren zur Verringerung von Modell-Mix-Verlusten in Fließmontagen
Von Reinhard Koether. ISBN 3-540-16499-5.
1986, 175 Seiten mit 46 Abbildungen und 1 Tabelle. 68,– DM

Entwicklung und Einsatz eines interaktiven Verfahrens zur Leistungsabstimmung von Montagesystemen
Von Günter Schad. ISBN 3-540-16978-4.
1986, 120 Seiten mit 31 Abbildungen und 1 Tabelle. 68,– DM

95 **Qualifizierung an Industrierobotern**
Von Wolfgang Bachl. ISBN 3-540-17018-9.
1986, 218 Seiten mit 30 Abbildungen. 68,– D

96 **Rechnersimulation des Beschichtungsprozesses beim Elektrotauchlackieren – Anwendung zum Berechnen des Umgriffs**
Von Otto Baumgärtner. ISBN 3-540-17102-9.
1986, 113 Seiten mit 42 Abbildungen. 68,– D

97 **Ergonomische Gestaltung von Rotationsstellteilen für grob- und sensomotorische Tätigkeiten**
Von Werner F. Muntzinger. ISBN 3-540-17247-5.
1986, 135 Seiten mit 51 Abbildungen und 33 Tabellen. 68,– D

98 **Die optische Rauheitsmessung in der Qualitätstechnik**
Von R.-J. Ahlers. ISBN 3-540-17242-4.
1986, 133 Seiten mit 56 Abbildungen und 2 Tabellen. 68,– D

99 **Maschinelle Spracherkennung zur Verbesserung der Mensch-Maschine-Schnittstelle**
Von Gerhard Rigoll. ISBN 3-540-17350-1.
1986, 134 Seiten mit 55 Abbildungen. 68,– D

100 **Konzeption und Auswahl modularer Magazinpaletten**
Von Thomas Zipse. ISBN 3-540-17584-9.
1987, 126 Seiten mit 54 Abbildungen. 68,– D

101 **Anschlüsse an Kupferrohre – Herstellung und Automatisierungsmöglichkeit**
Von Eberhard Rauschnabel. ISBN 3-540-17807-4.
1987, 120 Seiten mit 88 Abbildungen. 68,– D

102 **Mengen- und ablauforientierte Kapazitätsplanung von Montagesystemen**
Von Hans Sauer. ISBN 3-540-17815-5.
1987, 156 Seiten mit 64 Abbildungen. 68,– D

103 **Verfahrensinstrumentarium zur Werkstückauswahl und Auslegung von Industrieroboterschweißsystemen**
Von Herbert Gzik. ISBN 3-540-17928-3.
1987, 138 Seiten mit 56 Abbildungen. 68,– D

104 **Integration von Förder- und Handhabungseinrichtungen**
Von Joachim Schuler. ISBN 3-540-17955-0.
1987, 153 Seiten mit 61 Abbildungen. 68,– D

105 **Produktionsmengen- und -terminplanung bei mehrstufiger Linienfertigung**
Von H. Kühnle. ISBN 3-540-18038-9.
1987, 124 Seiten mit 25 Abbildungen. 68,– D

106 **Untersuchung des Plasmaschneidens zum Gußputzen mit Industrierobotern**
Von Jong-Oh Park. ISBN 3-540-18037-0.
1987, 142 Seiten mit 70 Abbildungen. 68,– D

107 **Fügen von biegeschlaffen Steckkontakten mit Industrierobotern**
Von Daegab Gweon. ISBN 3-540-18134-2.
1987, 115 Seiten mit 13 Abbildungen. 68,– D

108 **Entwicklung eines biomechanischen Modells des Hand-Arm-Systems**
Von Georgios Tsotsis. ISBN 3-540-18135-0.
1987, 163 Seiten mit 45 Abbildungen. 68,– D

109 **Ein Beitrag zur Planungssystematik für die automatisierte flexible Blechteilefertigung**
Von Thomas Weber. ISBN 3-540-18136-9.
1987, 149 Seiten mit 56 Abbildungen. 68,– D

110 **Entwicklung eines Meßverfahrens zur Bestimmung des Positionier- und Orientierungsverhaltens von Industrierobotern**
Von Günter Schiele. ISBN 3-540-18137-7.
1987, 116 Seiten mit 48 Abbildungen. 68,– D

111 **Schwingungsbelastung beim Arbeiten mit handgeführten, einachsigen Motormähgeräten**
Von Peter Kern. ISBN 3-540-18193-8.
1987, 145 Seiten mit 43 Abbildungen und 5 Tabellen. 68,– D

112 **Entwicklung eines berührungslosen Tastsystems für den Einsatz an Koordinatenmeßgeräten**
Von Hie-Sik Kim. ISBN 3-540-18578-X.
1987, 111 Seiten mit 62 Abbildungen und 4 Tabellen. 68,– D

113 **Qualifizierung an Industrierobotern – Ziele, Inhalte und Methoden**
Von Volker Korndörfer. ISBN 3-540-18618-2.
1987, 318 Seiten mit 100 Abbildungen. 68,– D

114 **Funktional und räumlich variables und modulares Laborgerätesystem**
Von Alfred Mack. ISBN 3-540-18786-3.
1988, 116 Seiten mit 39 Abbildungen. 73,– D

115 **Produktrecycling im Maschinenbau**
Von Rolf Steinhilper. ISBN 3-540-18849-5.
1988, 167 Seiten mit 50 Abbildungen. 73,– D

116 **Integration der montagegerechten Produktgestaltung in den Konstruktionsprozeß**
Von Rudolf Bäßler. ISBN 3-540-19058-9.
1988, 133 Seiten mit 49 Abbildungen. 73,– D

117 **Ein Algorithmus zur kapazitätsorientierten Bildung von Losen**
Von Tilmann Greiner. ISBN 3-540-19300-6.
1988, 135 Seiten mit 37 Abbildungen. 73,– D

8 **Kabelbaummontage mit Industrierobotern**
Von Gerd Schlaich. ISBN 3-540-19301-4.
1988, 131 Seiten mit 62 Abbildungen. 73,– DM

9 **Beitrag zur Verbesserung der Fertigungskostentransparenz bei Großserienfertigung mit Produktvielfalt**
Von Albrecht Köhler. ISBN 3-540-19393-6.
1988, 148 Seiten mit 72 Abbildungen. 73,– DM

0 **Entwicklungs- und Planungshilfen zum Aufbau von flexiblen Ordnungssystemen**
Von Rainer Schanz. ISBN 3-540-19394-4.
1988, 104 Seiten mit 48 Abbildungen. 73,– DM

1 **Bestücken von Leiterplatten mit Industrierobotern**
Von Ernst Wolf. ISBN 3-540-50013-8.
1988, 132 Seiten mit 63 Abbildungen. 73,– DM

2 **Verschleißvorgänge beim Querschneiden dünner Bahnen**
Von Thomas Hülsmann. ISBN 3-540-50049-9.
1988, 126 Seiten mit 47 Abbildungen und 5 Tabellen. 73,– DM

3 **Geometrieprüfung in der Fertigungsmeßtechnik mit bildverarbeitenden Systemen**
Von Claus P. Keferstein. ISBN 3-540-50050-2.
1988, 128 Seiten mit 53 Abbildungen. 73,– DM

4 **Modulares Simulationsmodell für die Abläufe in verketteten Fertigungszellen mit Industrierobotern**
Von Kum-Hoan Kuk. ISBN 3-540-50069-3.
1988, 130 Seiten mit 57 Abbildungen. 73,– DM

5 **Montage von Schläuchen mit Industrierobotern**
Von Bruno Frankenhauser. ISBN 3-540-50072-3.
1988, 139 Seiten mit 63 Abbildungen. 73,– DM

6 **Kommissioniersystem mit Roboter und Mehrstückgreifer**
Von Klaus Baumeister. ISBN 3-540-50133-9.
1988, 104 Seiten mit 53 Abbildungen. 73,– DM

7 **Sensorunterstütztes Programmierverfahren für das Entgraten mit Industrierobotern**
Von Dieter Boley. ISBN 3-540-50175-4.
1988, 128 Seiten mit 67 Abbildungen. 73,– DM

8 **Die Arbeitsraumgestaltung manueller Montagearbeitsplätze mit graphischen und wissensbasierten Methoden**
Von Klaus Lay. ISBN 3-540-50259-9.
1988, 129 Seiten mit 50 Abbildungen und 7 Tabellen. 73,– DM

9 **Automatisierung des Biegerichtens**
Von Stefan Thiel. ISBN 3-540-50432-X.
1988, 142 Seiten mit 57 Abbildungen und 5 Tabellen. 73,– DM

0 **Rechnergestützte Verfahren zur Auslegung der Mechanik von Industrierobotern**
Von Martin-Christoph Wanner. ISBN 3-540-50640-3.
1989, 202 Seiten mit 80 Abbildungen. 73,– DM

1 **Entwicklung eines bestandsorientierten Fertigungssteuerungssystems für die Großserienfertigung am Beispiel des Automobilbaus**
Von G. Hachtel. ISBN 3-540-50639-X.
1989, 163 Seiten mit 34 Abbildungen und 6 Tabellen. 73,– DM

2 **Ergonomische Gestaltung der Benutzerschnittstelle am Antriebssystem des Greifreifenrollstuhls**
Von Ludwig Traut. ISBN 3-540-50877-5.
1989, 210 Seiten mit 127 Abbildungen. 73,– DM

3 **Planung taktzeitoptimierter flexibler Montagestationen**
Von Joachim Schöninger. ISBN 3-540-50896-1.
1989, 122 Seiten mit 47 Abbildungen. 73,– DM

4 **Ein Modell für ein integriertes Qualitäts- und Prüfplanungssystem in der Montage**
Von Josef R. Kring. ISBN 3-540-51195-4.
1989, 140 Seiten mit 60 Abbildungen. 73,– DM

5 **Fertigungsstrukturierung auf der Basis von Teilefamilien**
Von Manfred Auch. ISBN 3-540-51290-X.
1989, 138 Seiten mit 34 Abbildungen. 73,– DM

36 **Kollisionsbehandlung als Grundbaustein eines modularen Industrieroboter-Off-line-Programmiersystems**
Von Andreas Altenhein. ISBN 3-540-51418-X.
1989, 129 Seiten mit 53 Abbildungen. 73,– DM

37 **Ein Beitrag zur Planung und Bewertung Neuer Arbeitsstrukturen in NE-Metallgießereien Dargestellt am Beispiel der Fertigungsinsel**
Von Horst Nespeta. ISBN 3-540-51419-8.
1989, 157 Seiten mit 58 Abbildungen. 73,– DM

38 **Verfahren zur Prüfung der Partikelkontamination in Versorgungssystemen für hochreine Flüssigkeiten**
Von Rolf Herz. ISBN 3-540-51457-0.
1989, 123 Seiten mit 61 Abbildungen. 73,– DM

39 **Messung gekrümmter Flächen mit berührungslosen Verfahren**
Von Leo Schreiber. ISBN 3-540-51493-7.
1989, 119 Seiten mit 72 Abbildungen. 73,– DM

40 **Automatisiertes Lackieren mit steuerbaren Spritzpistolen**
Von Konrad A. Ortlieb. ISBN 3-540-51518-6.
1989, 121 Seiten mit 45 Abbildungen. 73,– DM

141 **Grundlagen zur Entwicklung reinraumtauglicher Handhabungssysteme**
Von Jürgen Geißinger. ISBN 3-540-51959-9.
1989, 124 Seiten mit 82 Abbildungen. 73,– D

142 **CAD-Video-Somatographie**
Entwicklung und Bewertung einer Methode zur anthropometrischen Arbeitsgestaltung
Von Dieter Lorenz. ISBN 3-540-52163-1.
1989, 169 Seiten mit 61 Abbildungen. 73,– D

143 **Eine Systemarchitektur für die Gestaltung und das Management verteilter Informationssysteme**
Von Andreas J. Ness. ISBN 3-540-52224-7.
1990, 203 Seiten mit 62 Abbildungen. 78,– D

144 **Untersuchungen über den optisch-physiologischen Eindruck der Oberflächenstruktur von Lackfilmen**
Von Horst Schene. ISBN 3-540-52226-3.
1990, 149 Seiten mit 106 Abbildungen. 78,– D

145 **Planungsmethodik für ein Qualitätskostensystem**
Von Alfred Rauba. ISBN 3-540-52477-0.
1990, 166 Seiten mit 73 Abbildungen. 78,– D

146 **Kleinserienbestückung von Leiterplatten mit bedrahteten Bauelementen durch Industrieroboter**
Von Martin Domm. ISBN 3-540-52867-9.
1990, 106 Seiten mit 48 Abbildungen. 78,– D

147 **Sensor- und Steuerungssystem für die leitlinienlose Führung automatischer Flurförderzeuge**
Von Gerhard Drunk. ISBN 3-540-53033-9.
1990, 135 Seiten mit 52 Abbildungen. 78,– D

148 **Ein System zur wissensbasierten Diagnose an CNC-Werkzeugmaschinen durch den Maschinenbediener**
Von Klaus-Peter Fähnrich. ISBN 3-540-53034-7.
1990, 132 Seiten mit 48 Abbildungen und 18 Tabellen. 78,– D

149 **Werkstückbegleitender Informationsspeicher als Basis für ein informationstechnisches Konzept für Halbleiterfertigungen**
Von Klaus-Dieter Sauter. ISBN 3-540-53236-6.
1990, 115 Seiten mit 55 Abbildungen. 78,–

150 **Ein Planungsverfahren zur Erkennung und Bewältigung von Material- und Kapazitätsengpässen bei mehrstufiger Linienfertigung**
Von Ralf-Michael Fuchs. ISBN 3-540-53271-4.
1990, 176 Seiten mit 65 Abbildungen. 78,–

151 **Montage von Schrauben mit Industrierobotern**
Von Gernot E. Fischer. ISBN 3-540-53519-5.
1990, 97 Seiten mit 37 Abbildungen. 78,–

152 **Flächenorientierte Termin- und Kapazitätsplanung bei innerbetrieblicher Baustellenfertigung**
Von Rolf Schlauch. ISBN 3-540-53584-5.
1990, 130 Seiten mit 53 Abbildungen. 78,–

153 **Wissensbasierte Entscheidungsunterstützung bei der Auswahl von Industrierobotern**
Von Günter Jordan. ISBN 3-540-53744-9.
1991, 116 Seiten mit 49 Abbildungen. 78,–

154 **Simulationssystem für Fertigungsprozesse mit Stückgutcharakter**
Ein gegenstandsorientiertes System mit parametrisierter Netzwerkmodellierung
Von Bernd-Dietmar Becker. ISBN 3-540-53847-X.
1991, 162 Seiten mit 48 Abbildungen und 47 Tabellen. 78,–

155 **Algorithmen der Sprachverarbeitung zur Entwicklung eines vollsynthetischen Sprachausgabesystems**
Von Gerhard Rigoll. ISBN 3-540-53870-4.
1991, 321 Seiten mit 235 Abbildungen. 78,–

156 **Wissensbasierte CAD-Systemkomponente zum Entwurf montagegerechter Produkte**
Von Ralph Richter. ISBN 3-540-54725-8.
1991, 137 Seiten mit 56 Abbildungen. 78,–

157 **Heftschweißverfahren für das Lagefixieren von Werkstücken beim Schutzgasschweißen mit Industrierobotern**
Von Carsten Martin Claussen. ISBN 3-540-54951-X.
1991, 140 Seiten mit 43 Abbildungen. 78,–

158 **Ein Beitrag zur Meßdatenverarbeitung in der Koordinatenmeßtechnik**
Von Thomas Garbrecht. ISBN 3-540-55030-5.
1991, 135 Seiten mit 94 Abbildungen und 5 Tabellen. 78,–

159 **Ein Beitrag zur Planung und Optimierung der Verfahrensteilung in der Fertigung**
Von Hans-Peter Roth. ISBN 3-540-55113-1.
1992, 130 Seiten mit 50 Abbildungen. 78,–

160 **Flexible Montage von Leitungssätzen mit Industrierobotern**
Von Herbert H. Emmerich ISBN 3-540-55227-8.
1992, 135 Seiten mit 70 Abbildungen. 88,–

161 **Toleranzausgleichssysteme für Industrieroboter am Beispiel des feinwerktechnischen Bolzen-Loch-Problems**
Von Uwe Schweigert ISBN 3-540-55228-6.
1992, 119 Seiten mit 61 Abbildungen. 88,–

162 **Entwicklung eines interaktiven Simulators auf der Basis von Petri-Netzen zur Modellierung und Bewertung hybrider Montagestrukturen**
Von W. Schweizer ISBN 3-540-55229-4.
1992, 159 Seiten mit 76 Abbildungen. 88,–

Entwicklung eines Verfahrens zur rechnerunterstützten Gestaltung verteilter Informationssysteme
Von Friedemann Reim ISBN 3-540-55269-3.
1992, 151 Seiten mit 43 Abbildungen. 88,– DM

EDV-gestützte Planungs- und Entscheidungshilfen zur Auslegung von Produktionsstrukturen mit strukturkostenoptimierten Dezentralen Verantwortungsbereichen
Von Ulrich Hallwachs ISBN 3-540-55477-7.
1992, 186 Seiten mit 66 Abbildungen. 88,– DM

Strömungstechnische Auslegung reinraumtauglicher Fertigungseinrichtungen
Von Elmar Degenhart ISBN 3-540-55478-5.
1992, 137 Seiten mit 72 Abbildungen. 88,– DM

Synthese und Simulation dreidimensionaler Hand-Arm-Bewegungen an manuellen Montagearbeitsplätzen
Von Raimund Menges ISBN 3-540-55752-0.
1992, 215 Seiten mit 70 Abbildungen. 88,– DM

Bewertung inhomogener fraktaler Strukturen und Skalenanalyse von Texturen
Von Uwe Müssigmann ISBN 3-540-55796-2.
1992, 99 Seiten mit 43 Abbildungen. 88,– DM

Ein Informationssystem für Instandhaltungsleitstellen
Von Wilfried Sihn ISBN 3-540-55853-5.
1992, 167 Seiten mit 67 Abbildungen. 88,– DM

Verfahren zum automatischen Palettieren von quaderförmigen Packstücken im beliebigen Sortenmix
Von Walter Michael Strommer ISBN 3-540-55922-1.
1992, 105 Seiten mit 47 Abbildungen. 88,– DM

Planung der Kinematik von Industrierobotersystemen zum Schutzgasschweißen im Schiffbau
Von Wolfgang Utner ISBN 3-540-55923-X.
1992, 134 Seiten mit 31 Abbildungen und 3 Tabellen. 88,– DM

Montage von Pressverbindungen mit Industrierobotern
Von Günther Würtz ISBN 3-540-56300-8.
1992, 124 Seiten mit 55 Abbildungen. 88,– DM

Rationalisierungspotential der montagegerechten Produktgestaltung bei der Montage mit Industrierobotern
Von Thomas Schmaus ISBN 3-540-56400-4.
1992, 122 Seiten mit 55 Abbildungen. 88,– DM

Erhöhung der Variantenflexibilität in Mehrmodell-Montagesystemen durch ein Verfahren zur Leistungsabstimmung
Von Felix Fremerey ISBN 3-540-56549-3.
1993, 150 Seiten mit 38 Abbildungen und 6 Tabellen. 88,– DM

Automatische Montage von O-Ringen
Von Johannes F. Wößner ISBN 3-540-56657-0.
1993, 94 Seiten mit 43 Abbildungen. 88,– DM

Systeme kombinierter multimodaler Mensch-Rechner-Interaktionen
Von Karl-Heinz Hanne ISBN 3-540-56687-2.
1993, 131 Seiten mit 46 Abbildungen. 88,– DM

Regelbasiertes Verfahren zur Montageablaufplanung in der Serienfertigung
Von Klaus Thaler ISBN 3-540-56829-8.
1993, 132 Seiten mit 63 Abbildungen. 88,– DM

Rechnergestütztes Bediensystem für einen Telemanipulator zur Sanierung von gemauerten Abwasserkanälen
Von Kurt Alexander Schließmann ISBN 3-540-56875-1.
1993, 135 Seiten mit 57 Abbildungen und 7 Tabellen. 88,– DM

3 **Konturantastende und optoelektronische Koordinatenmeßgeräte für den industriellen Einsatz**
Von Wolfgang Rauh ISBN 3-540-56876-X.
1993, 124 Seiten mit 43 Abbildungen. 88,– DM

9 **Konzeption für ein Sensor- und Steuerungssystem zur automatischen Führung eines Walzenschrämladers entlang der Grenzlinie von Kohle und Nebengestein**
Von Stephan Matthias Forster ISBN 3-540-57159-0.
1993, 147 Seiten mit 63 Abbildungen. 88,– DM

0 **Ein dreidimensionales Bildverarbeitungssystem für die Automatisierung visueller Prüfvorgänge**
Von Jianzhong Lu ISBN 3-540-57160-4.
1993, 113 Seiten mit 45 Abbildungen und 2 Tabellen. 88,– DM

1 **Erschließung technischer und organisatorischer Potentiale durch die Komplettbearbeitung auf Drehmaschinen mit Hilfe der Teileanalyse**
Von Helmut Schaal ISBN 3-540-57212-0.
1993, 126 Seiten mit 42 Abbildungen und 2 Tabellen. 88,– DM

2 **Prüfverfahren zur Untersuchung der Partikelreinheit technischer Oberflächen**
Von Bernhard Klumpp ISBN 3-540-57302-X.
1993, 108 Seiten mit 50 Abbildungen. 88,– DM

3 **Automatisierung der Justage von Drehankerrelais**
Von G. Krüll ISBN 3-540-57303-8.
1993, 113 Seiten mit 59 Abbildungen. 88,– DM

4 **Prozeßstrukturen der chemischen Vernickelung**
Von Hans Gut ISBN 3-540-57304-6.
1993, 108 Seiten mit 37 Abbildungen und 5 Tabellen. 88,– DM

185 **Ein Verfahren zur Konstruktion anwendungoptimierter Ultraschallsensoren auf der Basis von Schallkanälen**
Von Achim Langen ISBN 3-540-57376-3.
1993, 140 Seiten mit 72 Abbildungen. 88,–

186 **Ein rechnerunterstütztes System für die technische Dokumentation und Übersetzung**
Von Renate Mayer ISBN 3-540-57409-3.
1993, 126 Seiten mit 59 Abbildungen. 88,–

187 **Theoretische und experimentelle Untersuchungen an dreidimensionalen Wirbelströmungen für industrielle Absauganlagen**
Von Wolf-Jürgen Denner ISBN 3-540-57410-7.
1993, 141 Seiten mit 78 Abbildungen und 10 Tabellen. 88,–

188 **Planungsmethodik für den Aufbau von Qualitätssicherungssystemen in kleinen und mittleren Produktionsunternehmen**
Von Rainer Hummel ISBN 3-540-57727-0.
1993, 221 Seiten mit 114 Abbildungen und 6 Tabellen. 88,–

189 **Plasmamodifikation von Kunststoffoberflächen zur Haftfestigkeitssteigerung von Metallschichten**
Von Dieter Andreas Mann ISBN 3-540-57745-9.
1994, 133 Seiten mit 83 Abbildungen und 6 Tabellen. 88,–

190 **Softwareentwicklung für speicherprogrammierbare Steuerungen im integrierten, rechnergestützten Konstruktionsprozeß**
Von Kornelius Hengel ISBN 3-540-57765-3.
1994, 133 Seiten mit 48 Abbildungen. 88,–

191 **Vorrichtungssysteme für die flexibel automatisierte Montage**
Von Armin Willy ISBN 3-540-57784-X.
1994, 121 Seiten mit 60 Abbildungen. 88,–

192 **Wissensbasiertes Selbstheilungs- und Diagnosesystem für CNC-Koordinatenmeßgeräte**
Von Wilhelm Steger ISBN 3-540-57829-3.
1994, 147 Seiten mit 79 Abbildungen. 88,–

193 **Modell für ein rechnerunterstütztes Qualitätssicherungssystem gemäß DIN ISO 9000 ff.**
Von Ulrich Lübbe ISBN 3-540-57831-5.
1994, 152 Seiten mit 59 Abbildungen. 88,–

194 **Vorgehenssystematik zum Prototyping graphisch-interaktiver Audio/Video-Schnittstellen**
Von Claus Görner ISBN 3-540-57886-2.
1994, 181 Seiten mit 66 Abbildungen. 88,–

195 **Bewertung von Rechnerinvestitionen durch den Vergleich von Wertschöpfungsketten**
Von Christian F. Mayer ISBN 3-540-57969-9.
1994, 144 Seiten mit 45 Abbildungen und 24 Tabellen. 88,–

196 **Ein Verfahren zur kostenorientierten Produktionsprogramm- und Kapazitätsplanung bei losweiser Montage**
Von J. Kurz ISBN 3-540-57971-0.
1994, 124 Seiten mit 26 Abbildungen und 3 Tabellen. 88,–

197 **Direktmontage von Leitungen mit Industrierobotern**
Von Stefan Koller ISBN 3-540-58224-X.
1994, 105 Seiten mit 52 Abbildungen. 88,–

198 **Eine objektorientierte Architektur für Leitstände zur Feinplanung**
Von Thomas Otterbein ISBN 3-540-58273-8.
1994, 183 Seiten mit 90 Abbildungen. 88,–

199 **Erhöhung der Fertigungssicherheit und -qualität beim Hochdruckwasserstrahlen durch den Einsatz von Sensoren**
Von Michael Knaupp ISBN 3-540-58440-4.
1994, 117 Seiten mit 101 Abbildungen. 88,–

200 **Verfahren zur Bewertung von Auftrags-Durchlaufzeiten in den indirekt-produktiven Bereichen von Maschinenbau-Unternehmen**
Von Robert Müller ISBN 3-540-58478-1.
1994, 152 Seiten mit 32 Abbildungen. 88,–

201 **Verfahrensprüfstand für das Bearbeiten mit Industrierobotern**
Von Peter Schlaich ISBN 3-540-58510-9.
1994, 114 Seiten mit 60 Abbildungen. 88,–

202 **Entwicklung und Optimierung von Prozeßkomponenten zur ionenunterstützten Abscheidung bei PVD-Verfahren**
Von Walter Olbrich ISBN 3-540-58511-7.
1994, 126 Seiten mit 62 Abbildungen und 7 Tabellen. 88,–

203 **Verfahren der Konturanalyse zur Automatisierung visueller Prüfvorgänge**
Von Knut Kille ISBN 3-540-58513-3.
1994, 105 Seiten mit 50 Abbildungen und 15 Tabellen. 88,–

204 **Verfahren zur Verbesserung der Ausfallsicherheit verteilter Informationssysteme**
Von Helmut Meitner ISBN 3-540-58623-7.
1995, 196 Seiten mit 54 Abbildungen und 13 Tabellen. 88,–

205 **Ein unscharfes Planungsverfahren zur mittelfristigen Personalkapazitätsanpassung für die bedarfsorientierte Serienproduktion**
Von Hans-Jürgen Braun ISBN 3-540-58819-1.
1995, 164 Seiten mit 40 Abbildungen und 10 Tabellen. 88,–

206 **Rechnergestützte Auslegungsverfahren für Großmanipulatoren mit Gelenkarmkinematik**
Von Werner Engeln ISBN 3-540-58871-X.
1995, 135 Seiten mit 52 Abbildungen und 18 Tabellen. 88,–

7 **Montagestrukturplanung für variantenreiche Serienprodukte**
Von Ulrich Zeile ISBN 3-540-58937-6.
1995, 122 Seiten mit 65 Abbildungen. 88,– DM

8 **Entwicklung eines objektorientierten Informationssystems zur optimierten Werkstoffauswahl**
Von Dietmar R. Fischer ISBN 3-540-58938-4.
1995, 193 Seiten mit 37 Abbildungen und 14 Tabellen. 88,– DM

9 **Entwicklung einer flexibel automatisierten Nähanlage**
Von Oliver Krockenberger ISBN 3-540-58939-2.
1995, 122 Seiten mit 75 Abbildungen. 88,– DM

0 **Ultraschallbahnschweißen von Kunststoffteilen mit Industrierobotern**
Von Thomas Wagner ISBN 3-540-58940-6.
1995, 93 Seiten mit 37 Abbildungen. 88,– DM

1 **Flexibel automatisierte Montage hochpoliger Rundkabel**
Von Ralf Cramer ISBN 3-540-58979-1.
1995, 116 Seiten mit 59 Abbildungen. 88,– DM

2 **Automatische Reparatur elektronischer Baugruppen**
Von Thomas Leicht ISBN 3-540-59015-3.
1995, 99 Seiten mit 46 Abbildungen. 88,– DM

3 **Montage von Schlauchschellen mit Industrierobotern**
Von Herbert Dreher ISBN 3-540-59035-8.
1995, 103 Seiten mit 63 Abbildungen. 88,– DM

4 **Arbeitsprogrammgenerierung zum Schutzgasschweißen mit Industrierobotersystemen im Schiffbau**
Von Peter Schmid ISBN 3-540-59058-7.
1995, 131 Seiten mit 42 Abbildungen. 88,– DM

5 **Flexible Demontage mit dem Industrieroboter am Beispiel von Fernsprech-Endgeräten**
Von Martin Kahmeyer ISBN 3-540-59390-X.
1995, 99 Seiten mit 52 Abbildungen. 88,– DM

6 **Der logisch-pragmatische Gebrauch von Konditionalsätzen. Eine dialog-logische Analyse**
Von Antonius Jacobus Maria van Hoof ISBN 3-540-59463-9.
1995, 146 Seiten mit 65 Abbildungen. 88,– DM

7 **Arbeits- und organisationspsychologische Interventionen bei der Einführung von Gruppenarbeit in dezentral ausgerichteten Fertigungsinseln**
Von Manfred Schlund ISBN 3-540-60012-4.
1995, 426 Seiten mit 24 Abbildungen und 29 Tabellen. 88,– DM

8 **Herstellung geformter Schläuche mit Formdornen aus Formgedächtnislegierung**
Von Thomas Weisener ISBN 3-540-60019-1.
1995, 88 Seiten mit 48 Abbildungen. 88,– DM

9 **Benutzerwerkzeuge an Fertigungssteuerungs-Leitständen**
Von Manfred Kroneberg ISBN 3-540-60096-5.
1995, 154 Seiten mit 84 Abbildungen. 88,– DM

0 **Werkstattsteuerung mit genetischen Algorithmen und simulativer Bewertung**
Von Jörg Schulte ISBN 3-540-60281-X.
1995, 163 Seiten mit 55 Abbildungen und 7 Tabellen. 88,– DM

1 **Ein Verfahren zur automatischen Generierung von softwareergonomisch gestalteten Benutzungsoberflächen**
Von Anette Weisbecker ISBN 3-540-60242-9.
1995, 140 Seiten mit 38 Abbildungen und 48 Tabellen. 88,– DM

2 **Verfahren zur Reduzierung der Hand-Arm-Schwingungsbelastung an Trennschleifern**
Von Rainer Eckert ISBN 3-540-60282-8.
1995, 187 Seiten mit 80 Abbildungen und 23 Tabellen. 88,– DM

ie Bände sind im Erscheinungsjahr und in den folgenden drei Kalenderjahren zu beziehen durch den rtlichen Buchhandel oder durch Lange & Springer, Otto-Suhr-Allee 26-28, 10585 Berlin.

GPSR Compliance

The European Union's (EU) General Product Safety Regulation (GPSR) is a set of rules that requires consumer products to be safe and our obligations to ensure this.

If you have any concerns about our products, you can contact us on ProductSafety@springernature.com

In case Publisher is established outside the EU, the EU authorized representative is:

Springer Nature Customer Service Center GmbH
Europaplatz 3
69115 Heidelberg, Germany

Batch number: 10844623

Printed by Printforce, the Netherlands